希子 —— 著

巧厨娘艺术美食

宝贝，开饭了！

青岛出版集团 | 青岛出版社

图书在版编目（CIP）数据

宝贝，开饭了！/ 希子著 . — 青岛：青岛出版社，
2023.3

ISBN 978-7-5736-0597-9

Ⅰ . ①宝… Ⅱ . ①希… Ⅲ . ①婴幼儿—食谱 Ⅳ .
① TS972.162

中国版本图书馆 CIP 数据核字 (2022) 第 221975 号

BAOBEI KAIFAN LE

书　　　名	宝贝，开饭了！	
著　　　者	希　子	
出 版 发 行	青岛出版社	
社　　　址	青岛市崂山区海尔路182号（266061）	
本 社 网 址	http://www.qdpub.com	
邮 购 电 话	0532-68068091	
策　　　划	周鸿嫒　王　宁	
责 任 编 辑	曲　静	
特 约 编 辑	侯倩茹	
装 帧 设 计	LE.W　毕晓郁	
制　　　版	青岛千叶枫创意设计有限公司	
印　　　刷	青岛海蓝印刷有限责任公司	
出 版 日 期	2023年3月第1版　2023年3月第1次印刷	
开　　　本	16开（710毫米×1000毫米）	
印　　　张	11.5	
字　　　数	260千	
书　　　号	ISBN 978-7-5736-0597-9	
定　　　价	49.80元	

编校印装质量、盗版监督服务电话　4006532017　0532-68068050
建议陈列类别：美食类

目录

第 **1** 章

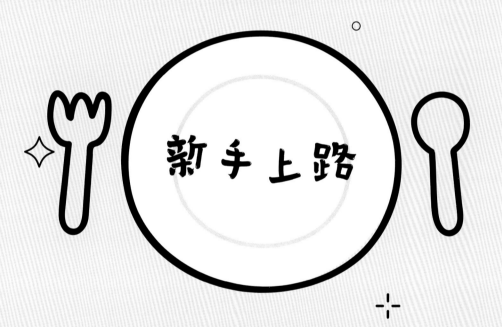

新手上路

1. 工具篇

在给女儿添加辅食之前，我就陆陆续续买了不少工具，下面列出了一些本书食谱里会用到的工具。选择工具较为重要的标准就是材质健康，安全第一。

辅食、烘焙工具

烤箱

烤蛋糕、面包、饼干等必备。可以选择35升以上容量的。上下管可以独立控温的烤箱会让食材受热更均匀。

硅胶刮刀

翻拌奶油、面糊等必备，给酸奶调色时也可以用它来搅拌。

做辅食必备，可用于打蔬果泥、肉泥。要选择易清洁、搅打出的成品细腻的。

辅食机

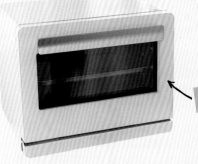

一般是塑料材质，不锋利，做面点切剂子时会用到。

切面刀

揉面垫

擀面杖

做馒头、包子、面条或者饺子时会用到，在它上面揉面不易滑脱。可以选择抗菌硅胶材质的揉面垫。

可以满足擀面皮、擀坚果等需求。选材质安全的就行。

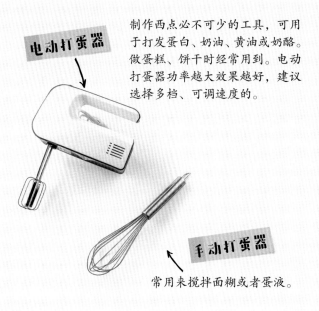

制作西点必不可少的工具，可用于打发蛋白、奶油、黄油或奶酪。做蛋糕、饼干时经常用到。电动打蛋器功率越大效果越好，建议选择多档、可调速度的。

电动打蛋器

手动打蛋器

常用来搅拌面糊或者蛋液。

面粉筛

面粉筛除了可以筛面糊，也可以用来过滤糊液。

防油防粘，做甜品时经常会用到。比如烤饼干、溶豆时铺上油纸，食材就不会粘到烤盘上，烤完可以轻松取下食物。做造型饭团也常用到油纸。

油纸

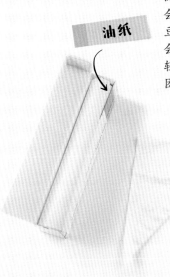

裱花袋

装食材的袋子，可用来挤饼干坯、辅食肉丸、溶豆坯、奶油等。选一次性的塑料裱花袋即可。

电子秤

要选择精密度高一点儿的，能精确到0.1克的。

造型工具

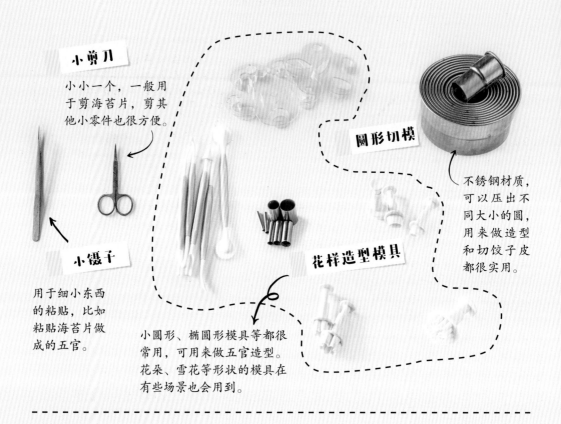

小剪刀

小小一个，一般用于剪海苔片，剪其他小零件也很方便。

圆形切模

不锈钢材质，可以压出不同大小的圆，用来做造型和切饺子皮都很实用。

小镊子

用于细小东西的粘贴，比如粘贴海苔片做成的五官。

花样造型模具

小圆形、椭圆形模具等都很常用，可用来做五官造型。花朵、雪花等形状的模具在有些场景也会用到。

其他工具

选择平头笔和勾线笔两种就足够了。勾线笔用于画眼睛或者勾线，平头笔用于作画。

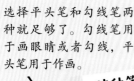

特种笔

刮刀

在吐司上画画时会用到。准备一把大头的和一把小头的就足够了。

酸奶乳清过滤器

用于酸奶的过滤。将浓稠的酸奶（比如老酸奶、自己发酵的酸奶）倒入过滤器里过滤24小时，过滤掉乳清，这样做出来的酸奶叫希腊酸奶。它口感超级醇厚，质地像奶酪。可以用它代替奶油抹蛋糕或者画吐司画。

2. 调料篇

为宝宝准备食物要细心再细心，光是调料就有很多种。那么，调料该如何选择？什么能用，什么不能用呢？下面整理了一些适合大龄宝宝吃的调料，供妈妈们参考。😊

辅食油

宝宝从 6 个月开始添加辅食后，就可以吃油了。常用的辅食油是核桃油和亚麻籽油。核桃油一般直接滴在辅食里，亚麻籽油可以用于凉拌或热炒。

6 个月以上宝宝的辅食中可以添加无糖无盐配方版本的番茄酱。番茄酱是百搭神器，酸酸甜甜的，能增加食欲。做菜时加一点儿可以提味，也可以和薯条搭配，这两种方式宝宝都超喜欢。

番茄酱

黑芝麻酱

6 个月以上的宝宝的辅食中可添加。要选择无糖无添加剂的。黑芝麻含钙量高，对宝宝头发的生长也有益处。

1 岁以上的宝宝的辅食中可添加。它是辅食的调味神器。

宝宝酱油

1 岁以上的宝宝的辅食中可添加。要选择钠含量低的。

宝宝蚝油

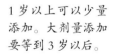

宝宝低钠盐

1 岁以上的宝宝的辅食中可添加。1 岁之前，宝宝能从母乳、配方奶或其他食物中摄取满足生理需求的钠。

1 岁以上可以少量添加。大剂量添加要等到 3 岁以后。

糖

3. 调色篇

给辅食调色时，首先考虑蔬菜水果等天然食材，比如南瓜、紫薯、菠菜、紫甘蓝、甜菜根、红心火龙果等。其中，火龙果汁和菠菜汁易被氧化，制作时可加小苏打固色。紫甘蓝也是一种神奇的蔬菜。紫甘蓝汁加柠檬汁会变成浅粉色，加小苏打会变成蓝色。用新鲜食材调色的缺点是操作麻烦、费时，适用于制作小月龄宝宝的辅食。直接买果蔬粉或竹炭粉会方便一点儿。果蔬粉调不出来的颜色，可搭配一点儿天然食用色素，常用的是红丝绒液和蓝色色素。

南瓜粉

可以调出黄色，加蓝色可以调出绿色，加红色可以调出橙色，加绿色可以调出草绿。

菠菜粉／大麦苗粉

这两种食材都能调出绿色，可用于做叶子或者给睡莲吐司画调色。上图是菠菜粉。

紫薯粉

可以调出紫色，加蓝色可以调出深紫色。

竹炭粉

可以调出黑色，还可以用来降低明度，比如将绿色变成墨绿。

蝶豆花粉

可以调出蓝色。做雪花造型或者蓝天白云馒头、蓝色面条会用到，也可以用蝶豆花泡水代替。

甜菜根粉／红曲粉／草莓粉

少量添加可以调出粉色，大量添加可以调出红色，搭配南瓜粉可以调出橙色。上图是甜菜根粉。

蓝色食用色素

用蝶豆花粉调出的蓝色明度比较低，想要亮一点儿的蓝色可以用蓝色食用色素调。

红丝绒液

可以调出红色，加南瓜粉可以调出橙色。

4. 造型篇

宝宝不爱吃饭？试试把辅食做成宝宝喜欢的卡通造型吧。可爱的卡通形象，可以提升宝宝吃饭的兴趣，还可以锻炼宝宝自主进食的能力。他们会开心地和你讲卡通动物的哪个部位在哪儿，这样他们也能学到很多东西。让宝宝爱上吃饭，或许只需要一个卡通造型。以下总结了一些做出好看的卡通造型的小方法，供妈妈们参考。 ☺

① 做卡通造型首先要关注比例，复刻时尤其应该注意比例问题，如果能等比例去做就能远离"翻车"了。其次是要给卡通形象做出可爱的表情，可以用海苔片或芝麻来做出五官。最后可以在卡通形象头上放一片叶子或小块食物，还可以让它们抱个小物件。

② 用米饭捏造型时一般会用保鲜膜包着米饭捏。也可以戴上一次性的PVC（聚氯乙烯）手套，抹少量辅食油在手套上，再去捏。

③ 将海苔片放软一点儿，再用小剪刀剪会容易一些。网上可以买到海苔压花器，用这种工具可以直接压出五官。我自己觉得用小剪刀可以剪出任意形状，更方便一点儿。

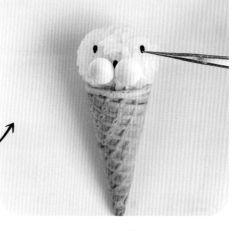

④ 眼睛可以用镊子夹着黑芝麻粒来做，也可以用牙签蘸黑芝麻酱来画。画腮红一般用番茄酱。

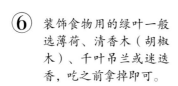

⑤ 组装立体造型形象的不同部位时，可以在草帽碗里搭配，这样不容易掉部位。实在不好固定的部位，可以用意大利面连接。

⑥ 装饰食物用的绿叶一般选薄荷、清香木（胡椒木）、千叶吊兰或迷迭香，吃之前拿掉即可。

第 **2** 章

把童趣
装进盘子里

抱芦笋的熊猫
肉臊饭

12个月以上

"圆滚滚的身子，肥肥的四肢。顶着两个大黑眼圈，像戴了一副特大号的墨镜。黑白两色的毛发，爱吃竹笋，打起滚来软萌又可爱……"在我女儿还没去动物园看大熊猫之前，我是这样把大熊猫描述给她的。

把大熊猫做成饭团，让它抱着芦笋，有趣又可爱。没有哪个宝宝对憨态可掬的大熊猫有抵抗力吧？饭团搭配的是宝宝版本的万能肉臊，超级下饭。肉臊是"百搭王"，可以用来搭配面条、米粉、饭团和包子。饭团也可以做成宝宝喜欢的其他卡通形象。

材料

猪瘦肉 ………100 克	米饭……………1 碗	宝宝酱油 ………1 勺
香菇……………1 个	海苔片 …………1 片	宝宝蚝油 ………1 勺
洋葱……………2 片	生姜 ……………少许	辅食油 …………适量
胡萝卜 ………1 小段	小葱……………1 根	淀粉……………1 小勺
芦笋……………4 根	番茄酱 …………适量	

步骤

Step

1

将胡萝卜、洋葱和香菇切碎。
生姜和小葱切碎后加点儿水泡
一会儿。

Step

2

猪瘦肉剁碎，加一点儿宝宝酱
油、宝宝蚝油和泡生姜碎、小
葱碎的水腌制一会儿。

Step

3

锅里倒入辅食油，再倒入肉碎
炒散。

Step

4

加入胡萝卜碎、洋葱碎和香菇
碎，炒至断生后，再加入清水，
焖 5 ~ 10 分钟。

Step 5

将淀粉加水搅拌均匀后，倒入锅里，收汁后装盘。

Step 6

将适量米饭用保鲜膜包着捏出熊猫的头、身体、耳朵和四肢。

Step 7

剪一小块海苔片，将耳朵和四肢用海苔片包起来，剪掉海苔片多余的部分。

Step 8

将熊猫的身体部位组合起来。

Step 9

用剪掉的海苔片剪出眼睛和鼻子，粘到熊猫脸上，再用番茄酱画出腮红。用相同的做法再做一只熊猫。芦笋焯水，切下笋尖部分。做好的两只熊猫放入盘中，摆出不同的造型，再放上芦笋尖就完成了。

阿尔卑斯山

12个月
以上

牧场饭

因为看过一部叫《海蒂和爷爷》的电影，我开始向往阿尔卑斯山的一切。自由奔放的山野姑娘海蒂，光着脚丫快乐地奔跑在阿尔卑斯山上，带着我们去看那美得像童话世界一样的自然风光。那令人心醉的蓝天白云、雪山和草甸，自由自在的奶牛，路边的野花，具有治愈的力量。虽然没法带女儿去感受，但是可以把这番风景浓缩到辅食里。

这是一盘讲述阿尔卑斯山和奶牛牧场故事的美味。它用米饭作蓝天白云，用豌豆泥作草地。豌豆泥带点儿甜味儿，清爽且不腻。春天，让宝宝吃上一份这样的牧场饭，既可以给他补钙又有助他于长个子。

材料

豌豆粒 ………100 克	甜玉米粒 ……… 少许	草莓粉 ……… 少许
土豆…半个（70 克）	白萝卜 …………1 片	黑芝麻 ……… 少许
洋葱…………2 片	白米饭 …………1 碗	
黄油…………12 克	黑米饭 ……… 少许	**特殊工具**
牛奶 ……… 100 毫升	盐 …………… 少许	辅食机
西蓝花 ………2 小朵	蝶豆花粉 ……… 少许	花朵模具

Step 1

土豆去皮切片，和甜玉米粒一起蒸熟，分别待用。洋葱切碎备用。

Step 2

豌豆粒洗干净，煮 6 分钟，再放入西蓝花煮 2 分钟，将二者煮熟，分别待用。

Step 3

锅里放 10 克黄油，烧热，待黄油化开，倒入洋葱碎炒软。

Step 4

再倒入豌豆粒（留出几粒摆盘用）翻炒 1 分钟左右。

Step 5

加入牛奶，然后将锅中材料倒入辅食机中打成泥。

Step 6

蒸熟的土豆片加少许盐和 2 克黄油压成泥备用。

取小半碗白米饭。将蝶豆花粉用一点儿水稀释后加入米饭中，调成蓝色米饭。再用相似的做法用草莓粉和少许白米饭调成少许粉色米饭。

将少许白米饭用保鲜膜包着捏成球形，做出奶牛的身体，再用黑米饭做出奶牛的角和花纹。

取粉色米饭捏出奶牛的耳朵、鼻子和腮红，再用黑芝麻做出眼睛。依此方法再做一只花纹略有不同的奶牛。

开始摆盘。用蓝色米饭铺满盘子的三分之一左右，用剩余的少许白色米饭捏出白云，放在蓝色米饭上。

留出少许豌豆混合泥，用剩余的豌豆混合泥铺满盘子的剩余部分，做出草地。用土豆混合泥捏出山。白萝卜片用花朵模具压出小花，点上少许豌豆混合泥当花蕊，与西蓝花一起放在草地上，再随意摆上几粒玉米粒和豌豆粒。最后放上奶牛饭团即可。

山药炒荷兰豆

成都的美食和大熊猫都很出名。带女儿看过好几次大熊猫了，她十分喜爱。于是，我设计了这个准备翻跟头的顽皮熊猫饭团，让宝宝有机会与大熊猫"亲密接触"。嫩绿的荷兰豆作草地，装饰上山药做的小花，和黑白色的熊猫放在一起，形成一幅清新的画面。

材料

荷兰豆 ………… 150 克　　白米饭 ………… 半碗
铁棍山药 …… 1 小段　　黑米饭 ………… 半碗
蒜 ……………… 1 瓣　　薄荷叶 ………… 1 片
盐 ……………… 少许
辅食油 ………… 适量

特殊工具

花朵模具

Step 1

荷兰豆择去两头，拉去筋丝，洗干净。铁棍山药去皮，切薄片备用。

Step 2

锅中加水煮开，加一撮盐，放入荷兰豆和山药片焯水1分钟，捞出，沥干水。

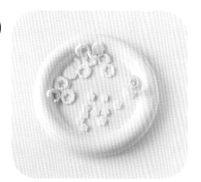

Step 3

捞出的山药片用花朵模具压出小花。少许荷兰豆扒出豆粒待用。

Step 4

蒜瓣切片。锅中倒入辅食油，放入蒜片炒香,捞出蒜片不要。

倒入荷兰豆和山药花翻炒 2 分钟。

盛出荷兰豆和山药花，摆盘，用荷兰豆的部分豆子做出花蕊。

准备好白米饭和黑米饭。

用保鲜膜包住白米饭，捏出熊猫的身体。

用黑米饭捏出熊猫的四肢、脖子和耳朵，组装起来，摆在盘子的另一边。再用薄荷叶和剩余的豆子装饰一下即可。

菠萝咕咾肉
花朵饭

12个月以上

到了吃菠萝的季节，怎能不来一份菠萝咕咾肉呢？这是广东的一道特色名菜，属于粤菜，以猪里脊和菠萝肉为主料，酸酸甜甜的，很是开胃。把配菜和米饭都做成花朵的模样，简单摆个盘，对宝宝就很有吸引力。一口一朵花，春天的气息浓厚，心情也跟着变美丽了！

材料

猪里脊 ········100 克	小葱 ··············1 根	特殊工具
菠萝片 ········100 克	白米饭 ··········1 碗	花朵模具
甜红椒 ········半个	番茄酱 ··········1 勺	小圆形模具
青椒 ············1 个	宝宝酱油 ·······1 勺	
蛋黄 ············1 个	辅食油 ··············	
淀粉 ············2 勺	薄荷叶 ··········少许	
生姜 ············少许	淡盐水 ··········适量	

Step 1

生姜切片，小葱切碎，将二者用水泡一会儿。菠萝片用淡盐水浸泡。猪里脊切成小块，加1个蛋黄，1勺淀粉，2勺泡葱姜的水拌均匀，腌20分钟。

Step 2

菠萝片、甜红椒和青椒用花朵模具压成花朵片。留出菠萝片和甜红椒片各1片备用。

Step 3

取番茄酱1勺、宝宝酱油1勺、淀粉1勺，加半碗清水调成酱汁备用。

Step 4

锅里放入辅食油，中小火加热，把肉块一块一块地放下去，炸至表面微黄后捞起。

锅里留一些辅食油，放入青椒花朵片和甜红椒花朵片炒至八分熟。

倒入调好的酱汁，炒至汤汁呈浓稠状，再倒入菠萝花朵片和肉块，即成菠萝咕咾肉，翻炒均匀后盛出。

米饭用保鲜膜包起来，捏成圆饼，再用勺子的边压出 5 片花瓣后摆盘。

剩余的菠萝片和甜红椒片用小圆形模具压成圆片，做出花蕊，再用薄荷叶点缀一下花朵。

在米饭旁边摆上炒好的菠萝咕咾肉即可。

泰迪泡澡
番茄土豆浓汤

10个月以上

　　泰迪狗狗戴着耳机，听着音乐，吃着圣女果，泡着温泉享受着……这样的情景听起来就很温暖。

　　秋冬少不了要喝汤。将番茄和土豆煮好后再搅打成细腻的浓汤，喝一口，暖胃又暖心，真的太幸福啦！酸甜开胃的浓汤再配上卡通饭团，宝宝能快速吃掉大半碗。另外，浓汤搭配面条也是很棒的组合。

材料

番茄……………1 个	牛奶………50 毫升
土豆…………… 半个	海苔片…………1 片
洋葱………… 1/4 个	胡萝卜……… 1 小片
米饭…………… 半碗	圣女果…………1 个
黄油…………10 克	薄荷叶…………1 片

特殊工具

辅食机

Step 1

番茄和土豆去皮，切块。洋葱
洗干净后切块备用。

Step 2

锅里放入黄油，加热至黄油熔
化，倒入洋葱块，炒香。

Step 3

再倒入番茄块和土豆块，翻炒
一两分钟。

Step 4

倒入清水，至刚好盖过食材的
高度，焖煮至食材变软。

将煮熟的食材放入辅食机中，倒入牛奶，搅打成浓汤。

用少许米饭捏出小狗的头。眼睛和嘴巴凹进去的部分用勺子或筷子辅助做出形状。

将少许米饭用保鲜膜包着捏成薄的长条，再捏出两个小球。将三者做成耳机状，然后用剩余的米饭捏出小狗的身体和脚。

组装狗狗，放入盘中。用胡萝卜片切出舌头，用海苔片剪出眼睛、鼻子和脚掌的肉垫，分别安到小狗身上。再用牙签蘸浓汤画上腮红。

将番茄土豆浓汤倒入盘中，再在盘边摆上切开的圣女果和薄荷叶即可。

向日葵
牛肉芝士饭

这个牛肉芝士焗饭，好吃到"上头"，而且能一下子解决妈妈和宝宝的一顿正餐，太省时啦！饭里的蔬菜可以随意更换，快看看冰箱里有什么吧。

材料

牛肉…………50 克	芝士片…………1 片	辅食油…………适量
洋葱……………1 片	薄荷叶…………少许	
胡萝卜……1 小段	黄瓜……………1 根	特殊工具
香菇……………1 个	宝宝酱油………1 勺	圆形模具
玉米粒………少许	宝宝蚝油………适量	小圆形模具
圣女果…………1 个	生姜……………1 片	
米饭……………1 碗	淀粉……………1 勺	

Step 1

生姜切碎，用适量清水浸泡。牛肉洗干净，剁碎，加宝宝酱油、泡生姜的水、宝宝蚝油和淀粉，搅拌均匀。玉米粒、香菇和胡萝卜煮熟备用。

Step 2

将圣女果切开。胡萝卜切下 5 片备用，剩余的切碎。洋葱和香菇切碎。黄瓜用削皮刀刮出长片备用。

Step 3

锅里倒入辅食油，放入牛肉碎炒散。

Step 4

再加入蔬菜碎和圣女果块翻炒。

Step 5

加入清水，焖熟所有食材。

Step 6

倒入米饭烩一下，拌均匀。

Step 7

在盘中放上圆形模具，将烩好的牛肉饭倒入模具中，用勺子压实后取走模具。

Step 8

芝士片也用模具压出圆片，摆在牛肉饭上。

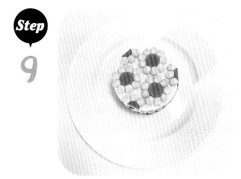

Step 9

胡萝卜片用刀划出小方格，再用小圆形模具压出小圆片。用胡萝卜圆片和玉米粒在芝士片上摆出向日葵形状，放在边缘处的胡萝卜圆片要切一下。

Step 10

将摆好造型的牛肉饭放入烤箱中，用上下火180℃烤10分钟后取出。再用薄荷叶和黄瓜片装饰一下牛肉饭即可。

有趣的狗狗
咖喱饭

终于给女儿安排上狗狗造型的饭团了。女儿很喜欢狗狗和猫咪，看到这份咖喱饭她兴奋不已。

这款饭做法挺简单的，几分钟就能学会，一餐很快就完成啦！如果你家宝宝不爱白米饭，不妨试试把米饭做成可爱软萌的狗狗饭团吧！

狗狗的头要做得偏一点，"歪头杀"比较可爱嘛。

材料

牛肉…………50 克	宝宝咖喱………1 块	番茄酱………少许
土豆………1 小块	白米饭………适量	辅食油………适量
胡萝卜……1 小段	芝士片………1 片	
洋葱…………1 片	海苔片………1 片	

Step 1

牛肉洗干净，剁碎。胡萝卜切下一小块备用。土豆、洋葱、剩余的胡萝卜切成小块。

Step 2

锅里倒入辅食油，中小火炒香洋葱块，再倒入牛肉碎炒散。

Step 3

把胡萝卜块和土豆块倒入锅中，翻炒 1 分钟。

Step 4

锅里倒入 1 碗清水，把食材焖熟。放入咖喱块，使其化开。

Step 5

不停搅拌，煮 2 分钟即可出锅。

Step 6

将少许米饭用保鲜膜包着捏出狗狗的头，用筷子或者勺子辅助做造型。

Step

7

再取一团米饭捏成圆柱形，用筷子在一侧压个十字，做出狗狗的身体。

 Step

8

将狗狗的头和身体组装起来，用部分海苔片剪出眼睛、鼻子贴上，用牙签蘸番茄酱画上腮红。把做好的狗狗放入盘中。

 Step

9

用部分海苔片剪出椭圆形，贴在芝士片上，再用牙签沿海苔片边缘在芝士片上划出帽檐的形状，分离下来。

 Step

10

用部分海苔片剪出三角形，里面包上少许米饭。

 Step

11

把三角形海苔片卷起来，用少许米饭粘到椭圆形海苔片上，调整形状，做出尖尖帽的造型，戴在狗狗头上。

Step

12

切一条细长的芝士围在狗狗脖子上。用预留的胡萝卜刻一个南瓜，摆入盘中，再将炒好的食材倒入盘子里即可。

阿尔卑斯雪山
土豆牛肉饭

12个月
以上

这次做了一款场景饭。残雪犹存的阿尔卑斯山与山脚下的小树和成片的苍翠草地，伴着奶牛，沐浴着阳光，让人仿佛置身童话世界。如果有机会，我想带女儿去阿尔卑斯山玩耍，肆意奔跑，大声欢笑。

用豌豆加芦笋打成泥做出青青草地，将山药泥抹在土豆牛肉饭上做出一座比较逼真的雪山，简单的家常菜组合一下就成了一幅画。牛肉打成泥再煎一煎，不干不柴，很适合宝宝食用。

材料

牛肉…………200 克	宝宝蚝油………1 勺
豌豆粒………100 克	白米饭…………1 碗
芦笋……………5 根	淀粉……………1 勺
菠菜……………2 根	蝶豆花粉………少许
铁棍山药……1 小段	黑芝麻酱或竹炭粉…
土豆……………半个	………………少许
牛奶………100 毫升	甜菜根粉………少许
洋葱……………1 片	南瓜粉…………少许
蛋清……………1 个	辅食油…………适量
宝宝酱油………1 勺	洋甘菊…………1 朵
番茄酱…………1 勺	

特殊工具

辅食机
裱花袋
圆形模具
硅胶刮刀
刮刀

牛肉加蛋清用辅食机打成泥，再加入 1 勺淀粉搅拌均匀。

将拌好的牛肉泥装入裱花袋中，备用。

小碗中加入 1 勺宝宝酱油、1 勺番茄酱、1 勺宝宝蚝油和少量清水，调成灵魂酱汁。

热锅里倒入辅食油，挤入小块肉泥，煎至金黄后盛出。

土豆去皮切成小块，放入锅中，煎至金黄后盛出。

洋葱切块，倒入热锅里炒香，加入煎好的牛肉块和土豆块翻炒1分钟。再倒入调好的酱汁翻炒均匀，盛出备用。

芦笋洗净，切段。豌豆粒放入锅中煮8分钟，中途加入芦笋段一起煮。

留出煮熟的芦笋尖备用。剩余的芦笋段和豌豆一起放入辅食机，加牛奶打成泥。

用豌豆芦笋泥在盘中铺出草地，用硅胶刮刀塑形。

菠菜焯水后加水打成汁，加入米饭里做出绿色米饭。在圆形模具里垫一张保鲜膜，放入部分菠菜米饭捏成杯形，再装入炒好的土豆牛肉。

继续把剩余的菠菜米饭填到土豆牛肉上，捏出不规则的山状。

将做好的米饭山放入盘子里，调整山的形状，做出随意一点儿的山状。

铁棍山药蒸熟后去皮，去掉水分，压成泥。取一部分山药泥，用刮刀随意抹在山上。再取一部分山药泥捏出奶牛的身体和房子的主体部分。

取少许山药泥调出不同的颜色：加蝶豆花粉调出蓝色，加黑芝麻酱或竹炭粉调出黑色，加甜菜根粉调出粉色，加南瓜粉调出黄色。在房子主体上用蓝色山药泥做出屋顶，再用黄色山药泥捏一个小月亮粘在屋顶上，月亮屋就做好了。把黑色山药泥点在奶牛身上，做出眼睛、耳朵和花纹，再用粉色山药泥做出鼻子、尾巴等。用同样的方法多做几个奶牛，然后把月亮屋和奶牛摆在草地上，再把芦笋尖插在山脚下，用洋甘菊装饰一下即可。

小羊肖恩
菠菜蒸蛋饭

12个月以上

　　调皮的饭团小羊肖恩在趴着休息，它的孩子趴在旁边跷着脚，太可爱了！有点儿像平时玩手机的我，和在旁边偷看我手机的女儿。

　　女儿对这两只小羊爱不释手，一下摸摸头，一下捏捏腿。

材料

菠菜……………2 棵
鸡蛋……………3 个
牛奶……………适量
米饭……………适量
黑芝麻酱或墨鱼汁…
……………… 少许

西蓝花…………2 朵
黑芝麻………… 少许
盐………………少许
洋甘菊（选用）……
……………… 1 朵

特殊工具

小圆形模具
辅食机
面粉筛

Step 1

菠菜切段，焯水，加水用辅食机打成汁。

Step 2

菠菜汁过一遍筛，加入牛奶搅拌均匀。

Step 3

取 3 个鸡蛋打散，加少量盐。向蛋液中加入 1.5 到 2 倍的菠菜汁，搅拌均匀。

Step 4

将鸡蛋菠菜汁倒入盘子里，盖上保鲜膜后扎几个洞，放入蒸锅，水开后蒸 13 分钟，再闷5 分钟。

将白色米饭用保鲜膜包着捏出两个半球形，做出小羊的身体。

用黑芝麻酱或墨鱼汁加白米饭调出黑色米饭，用黑色米饭捏出小羊的头。

取少量白米饭压成薄片，再用小圆形模具压出圆片。

把圆片贴在小羊脸上，再粘上黑芝麻，做出眼睛。

用黑色米饭捏出小羊的四肢安在一只羊身上，做出趴着的样子。再做一只跷脚的小羊。

将西蓝花煮熟当作草丛，放在蒸蛋上，再将小羊饭团摆在蒸蛋上。还可以用洋甘菊装饰一下，吃之前把洋甘菊拿走即可。

游泳鸭
西蓝花浓汤

12个月以上

炎热的夏季，好想一头扎进游泳池里，舒服地游一圈，再去冲个凉。于是乎，这个西蓝花浓汤就诞生了。

"嘎嘎嘎……"

炎炎夏日，泡个凉水澡最舒服不过了。

西蓝花浓汤清爽不腻，味道真是不错。我女儿喝了第一口就露出惊艳的表情，然后自己把这一盘食物都吃完了。

材料 特殊工具

西蓝花 ………… 4 小朵　　南瓜粉 ………… 少许　　辅食机
洋葱 …………… 1 片　　　黄油 …………… 1 小块
大蒜 …………… 4 瓣　　　千叶吊兰叶（选用）
牛奶 …………… 适量　　　 ………………… 少许
米饭 …………… 适量

西蓝花去筋，洗净，焯水煮熟。

大蒜和洋葱切碎。热锅中放入一小块黄油，倒入大蒜碎和洋葱碎炒 1 分钟。

将炒好的大蒜碎和洋葱碎倒入辅食机，加入煮熟的西蓝花一起打成泥。

取少许米饭加南瓜粉调成黄色，用白米饭捏出鸭子身体的后半部，用黄色米饭捏出鸭子的两条腿和救生圈。

将鸭身体放入碗里，倒入浓汤。

把鸭腿贴上去，用细棍子蘸一点儿牛奶画出水波纹。

取少量白米饭粒粘到救生圈上当作反光带，将救生圈放入碗里。还可以摆上一点儿千叶吊兰叶装饰一下，吃之前拿走即可。

第 3 章

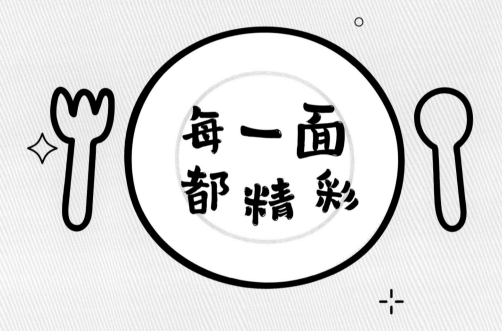

每一面都精彩

布老虎
馒头

10个月以上

布老虎是一种在中国民间广为流传的传统工艺品，其制作手艺也被列入国家级非物质文化遗产名录。它有平安吉祥的美好寓意。将布老虎做成馒头吃下去，仿佛吃了一肚子的美好祝愿。如果你也有闲情雅致，不妨动手试一试，很有乐趣的。

材料

红曲粉、南瓜粉、大麦苗粉（菠菜粉也可以）、竹炭粉、蝶豆花粉…………各适量

面粉…………300 克
酵母…………3 克
糖……………15 克

特殊工具

厨师机
不同大小的圆形模具
爱心模具
花朵模具
水滴模具

Step 1

将面粉、酵母、糖一起放入厨师机中，加入150毫升水。（如果没有厨师机，可以将食材倒入碗里，用筷子搅成絮状，再用手揉成面团。）

Step 2

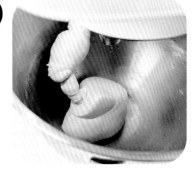

将食材揉成表皮非常细腻光滑的面团（切开后，里面呈没有气孔的状态）。

Step 3

按图示的大小将面团分成7份，分别把色粉加入面团里，揉均匀，做成红、黄、白、黑、粉、绿、蓝色面团。取红曲粉加少量白色面团可以揉出粉色面团。黑色和粉色面团要小一点儿。

Step 4

取一块45克左右的红色面团，排气后搓成椭球形，做成布老虎的身体，然后在一头捏出布老虎的尾巴。

取黄、红、白、黑色的面团擀薄，用不同大小的圆形模具压出圆形，做出眼珠和耳朵。

取黄色面团擀薄，用水滴模具压出水滴形，做出眼睛的轮廓。可以用爱心或者花朵模具压出形状粘在尾巴上。

取一小块白色面团搓成细条，用剪刀剪出胡须。取蓝色面团捏出鼻子，用牙签压出条纹。

做好的零件上刷水，粘在老虎身上。用黑色面团搓 4 根小条在老虎额头上贴出"王"字。

在老虎身体两侧贴上用面团做的花朵、叶子或者你喜欢的任意元素。

按上述方法做几只不同花色、造型的老虎。因为造型时间比较长，发酵 10 分钟即可。冷水上锅蒸 15 分钟，闷 5 分钟即可出锅。

温柔花花
馒头

10个月
以上

春天的风徐徐吹来，连馒头也绽放出温柔的花。每一个馒头上都有独一无二的小花，自然又美好。

这次将紫色、白色和黄色搭配起来，做了一组花花刀切馒头。馒头实物太温柔了，"柔"进了我的心里，都舍不得下口了。

材料

面粉…………400 克	紫薯…………100 克
酵母粉………4 克	南瓜粉…………少许
猪油…………10 克	竹炭粉…………少许
配方奶……220 毫升	

特殊工具

辅食机

厨师机

压面机

Step 1

紫薯去皮，切片后蒸熟，放入辅食机，加 120 毫升配方奶打成泥。

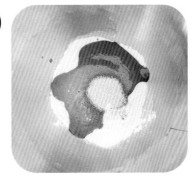

Step 2

将第一步的食材加入一半面粉里，再加入 5 克猪油和 2 克酵母粉。

Step 3

将第二步的食材用厨师机揉成光滑的浅紫色面团。再将剩余的面粉、酵母粉、猪油和配方奶混合，用厨师机揉成光滑的白色面团。

Step 4

取一小块白色面团加南瓜粉，揉成黄色面团。取一点儿紫色面团加竹炭粉，揉成深紫色面团。

将白色面团擀成长方形面皮。取浅紫色面团搓成小球，5 个一组摆成多个花朵（花朵要有大有小），贴在白色面皮上。每朵花上加一个圆形的黄色面团，最上面加一个小一点的深紫色面团，压紧实。

将处理好的面皮和花朵一起过一遍压面机，如果没有压面机，就用擀面杖将面皮擀平整。

在面皮反面刷水，从没有花的一侧向上卷，把花朵留在最外面一层。要努力卷紧实。

卷好的面团用刀切成相同大小的块。

紫色底色的馒头做法一样。将切好的馒头放入蒸锅发酵 40 ~ 60 分钟。馒头变为 1.5 倍大，捏起来蓬松了就代表发酵好了。冷水上锅大火烧开，蒸 15 分钟再闷 5 分钟即可。

蓝天白云 馒头

10个月以上

　　蓝天白云馒头又美又萌，这个蓝色我太爱了。想象窗外就是蓝天白云，心情得多舒畅呀！试着做一做吧，心情也会跟着变好！

材料

面粉 ···················· 200 克	蝶豆花粉 ···················少许
辅食油 ···················· 4 克	甜菜根粉 ···················少许
酵母粉 ···················· 2 克	黑芝麻酱 ···················少许

Step 1

蝶豆花粉加水化开，趁温热的时候加 1 克酵母粉化开。

Step 2

盆中加 100 克面粉、2 克辅食油和上一步的蝶豆花水，揉成光滑的蓝色面团。再取 100 克面粉加 2 克辅食油、1 克酵母粉和 50 毫升水，揉成光滑的白色面团。

Step 3

揉好的面团分别用保鲜膜盖上，醒发 20 分钟。

Step 4

对醒好的面团进行排气，用擀面杖擀成长条状，卷起来，这样重复几次。

Step 5

留出一小块白色面团。将蓝色和剩余的白色面团擀成两个等大的长方形面皮,切掉四角。

Step 6

在蓝色面皮上刷水,把白色面皮叠上去,紧紧卷成条状。

Step 7

将卷好的面用锋利的刀平均切成几份。

Step 8

取一点儿白色面团揉成球形,用掌心压扁,再用牙签压几下做成云朵的形状。

Step 9

取一点儿白色面团加黑芝麻酱揉成黑色面团,用它搓出眼睛和嘴巴,粘到云朵上。再取一点白色面团加甜菜根粉揉成粉色面团,用它搓出两个圆圆的腮红,粘到云朵上。

Step 10

云朵刷水粘在馒头上。将所有馒头做好。蒸锅里加温水,放入馒头盖上盖子发酵 30 分钟。馒头变为 1.5 倍大,捏起来蓬松了,就代表发酵好了。上锅蒸 15 分钟再闷 5 分钟即可。

小老虎 饺子

12个月以上

可爱的小老虎饺子，有老虎尾巴、老虎花纹和不同表情的老虎脸，让我们一次性拥有"小老虎氛围感"。做好的饺子用来蒸煮煎炸都可以，各种吃法大人、孩子都爱。

饺子面团配方：面粉200克配90～100克液体。不同品牌的面粉吸水量可能有所不同，可以根据使用的面粉来调整加水量。

材料

猪肉	100 克
卷心菜	2 片
香菇	2 朵
香葱	1 根
宝宝酱油	1 勺
宝宝蚝油	1 勺
盐	少许
面粉	260 克
南瓜	100 克
黑芝麻酱或竹炭粉	少许
蛋黄	1 个

特殊工具

辅食机
不同大小的圆形模具

Step 1

南瓜去皮，蒸熟，用辅食机打成泥，加 200 克面粉揉成黄色面团。

Step 2

取 60 克面粉加 25 毫升水，用筷子搅成絮状，再揉成光滑的面团。将此面团分成两份，其中一份加入黑芝麻酱或竹炭粉，揉成黑色面团。将三色面团分别包上保鲜膜，醒发 20 分钟。

Step 3

将醒好的黄色面团擀成薄片，用圆形模具压出圆形的饺子皮。在饺子皮上撒少量面粉（分量外），以免粘在一起。

Step 4

将猪肉、卷心菜、香菇、香葱分别剁碎，装入碗中，再加 1 个蛋黄。

向碗中加1勺宝宝酱油、1勺宝宝蚝油和少许盐，搅拌均匀，制成肉馅。

取一片饺子皮，中间放入少许肉馅。

将饺子皮对折，捏紧边缘，再将两个角往下叠，沾水贴紧。

取黄色、白色、黑色面团分别擀成薄片，用圆形模具压出不同大小的圆。

将圆片沾水粘到饺子上，做出耳朵、眼睛、鼻子，再取做面片剩下的黑色面团搓出细条，粘到饺子上做出"王"字和胡须，最后用牙签在鼻子的白色部分扎几个小孔，做出的老虎就更逼真了。再对照成品图，做出老虎尾巴、花纹等粘到不同的饺子上，还可以做几只不同表情的老虎。将做好的饺子蒸熟或用水煮熟即可。

西瓜
福袋饺子

10 个月
以上

　　我把饺子做成了福袋的样子，寓意很好，颜色也很喜庆，可以作为年夜饭给全家人吃。冬天能吃上"西瓜"也是美好的。

　　这个西瓜饺子的面皮和后面的西瓜面条的面皮的配方是一样的，做的时候可以多做一点儿面皮，放入冰箱冷藏或者冷冻，方便下次使用。

　　按本文配方做的红色饺子皮有个小缺点，就是火龙果汁煮后会有点儿褪色，揉面的时候加点儿小苏打会好一些。也可以用甜菜根粉染色，玫红色就变红色了。

材料

猪肉…………100 克
马蹄……………5 个
玉米粒 ………60 克
蛋黄……………1 个
胡萝卜 ………20 克
菠菜……………4 根

红心火龙果…… 半个
宝宝酱油………1 勺
宝宝蚝油………1 勺
葱姜水 …………1 勺
面粉…………200 克

特殊工具

辅食机
圆形模具

Step 1

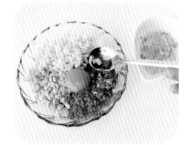

猪肉剁碎。马蹄去皮后切碎。
玉米粒和胡萝卜分别切碎。
切碎的食材装入碗中加 1 个
蛋黄、1 勺宝宝酱油、1 勺宝
宝蚝油、1 勺葱姜水。

Step 2

将肉馅搅拌均匀备用。

Step 3

菠菜洗干净。锅里烧开水后
放入菠菜，焯水 1 分钟。将
菠菜放入辅食机里打成汁。
取火龙果果肉，用叉子捣烂，
分离出果汁，再向果汁里加
一点儿果肉。

Step 4

取 100 克面粉，加 40 克火
龙果汁揉成红色面团。取 50
克面粉加 22 克清水揉成白色
面团。再取 50 克面粉加 22
克菠菜汁揉成绿色面团。将
三色面团分别包上保鲜膜醒
发 20 分钟。

Step 5

三种颜色的面团分别用擀面杖擀成薄片。

Step 6

将白色面片切成宽条，绿色面片切成细条。取两条白色面片放在红色面片上，再取两条绿色面片放在白色面片上。

Step 7

用擀面杖将三色面片擀平，再用圆形模具压出饺子皮。

Step 8

取一片饺子皮，全红的面朝上，在中间放入少许肉馅。

Step 9

将饺子皮对折，捏紧边缘。

Step 10

收口处来回叠五六次，用筷子夹紧两头。

Step 11

整理一下形状，福袋就做好了。将所有福袋做好，再根据喜好选择蒸或者煮即可。

花朵盆栽 烧卖

10个月以上

　　抄手和饺子吃腻了，就换换口味吧，烧卖是个不错的选择。把传统的白皮烧卖换一种表现方式，就很有创意。面皮做成白绿混色的，再将豌豆和玉米组合成一朵黄花，使成品看着就像一个小盆栽，好清新呀！如果不想自己擀皮，也可以用外面买的饺子皮做小黄花烧卖。

　　烧卖的馅一般用的是糯米，我这个配方是大米加了一点点糯米，口感会好一些。如果担心宝宝吃了不好消化，可不加糯米。

材料 　　　　　　　　　　　　　　　特殊工具

猪肉	100 克	盐	少许	辅食机
香菇	1 个	胡萝卜	半根	圆形切模
玉米	小半截	豌豆粒	小半碗	
大米	适量	面粉	200 克	
糯米	少许	菠菜	4 根	
宝宝酱油	1 勺	辅食油	适量	
宝宝蚝油	1 勺			

Step 1

大米加一点儿糯米煮熟，盛出备用。猪肉用辅食机搅打成肉糜备用。香菇、胡萝卜切碎。玉米取粒和豌豆粒一起洗干净后焯水 3 分钟，捞起沥干水分备用。

Step 2

锅里倒辅食油，再倒入肉糜炒散。

Step 3

锅中加入香菇碎、胡萝卜碎炒 2 分钟。再加入混合米饭和部分玉米粒、豌豆粒。

Step 4

锅中再加 1 勺宝宝酱油、1 勺宝宝蚝油和少许盐，翻炒均匀，盛出备用。

菠菜洗干净，焯水 1 分钟后捞起，用辅食机打成菠菜汁。取 100 克面粉，加 45 克水，揉成光滑的白面团。再取 100 克面粉，加 48 克菠菜汁，揉成光滑的绿色面团。取三分之一的绿色面团加一点儿白色面团，做成淡绿色面团。将三色面团分别裹上保鲜膜醒发 20 分钟。

Step
6

三色面团分别搓成细条，堆起来拧一下，切成小剂子。

Step
7

将小剂子用擀面杖擀薄，再用圆形切模压出烧卖皮。

Step
8

做好的烧卖皮可以撒点儿面粉，或者用油纸隔开，防止粘在一起。

Step
9

取一勺炒好的烧卖馅放在烧卖皮中间。

Step
10

用大拇指按住馅料，用虎口捏出裙边，整理一下形状。将所有烧卖做好。

Step
11

用剩余的豌豆和玉米粒在烧卖顶部摆出小花，装盘放入蒸锅，水开后蒸 8 分钟即可。

粉色仔仔熊
番茄牛肉意面

给小朋友安排的辅食，得做得够可爱才能无法拒绝嘛。面条也可以变得调皮又可爱。这只粉粉的小熊，简直是"神仙配色"，宝宝一看到就会爱上它。

材料

意面 ············· 1 小把	柠檬汁 ············ 1 勺
牛肉 ·············50 克	盐 ·············· 少许
番茄 ·············1 个	白色芝士片 ······2 片
番茄酱 ··········1 勺	海苔片 ············1 片
洋葱 ·············1 片	紫薯粉 ············1 勺
大蒜 ·············1 瓣	草莓粉 ··········· 少许
橄榄油 ··········1 勺	可可粉 ··········· 少许

特殊工具

不同大小的小圆形模具

 Step 1

锅内倒水煮沸，下入意面，加一点儿橄榄油。

 Step 2

将紫薯粉和柠檬汁倒入锅内煮10分钟，意面会染上粉色。

Step 3

将煮好的粉色意面捞起过一遍凉水，备用。

 Step 4

番茄切小块。牛肉和洋葱分别切粒，蒜切末。锅里倒入橄榄油，加蒜末和洋葱粒炒香，然后放入牛肉粒炒至断生，再倒入番茄块炒出汁，加番茄酱和少许盐，翻炒均匀。

炒熟的番茄牛肉装盘备用。

戴好一次性手套，抓取粉色意面在番茄牛肉上摆出小熊脑袋的形状。

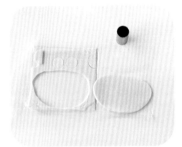

取一片白色芝士片，切出一大片类似半圆的形状，用作脸部白色部分。再用小圆形模具压出三个圆片，两片用作眼白，一片切成两半，用作耳朵白色的部分。

再取一片白色芝士片，切下一大半加入草莓粉揉成粉色，剩余的加可可粉揉成棕色，放入冰箱冷藏后取出。用粉色芝士捏出小熊的鼻子和眉毛。棕色芝士擀成薄片，用模具压出两个小一些的圆片。

用海苔片剪出小熊的嘴巴和黑眼球中深色的部分。用剩余的白色芝士片捏两个很小的圆片当作眼睛的高光。将做好的面部零件摆在意面上即可。

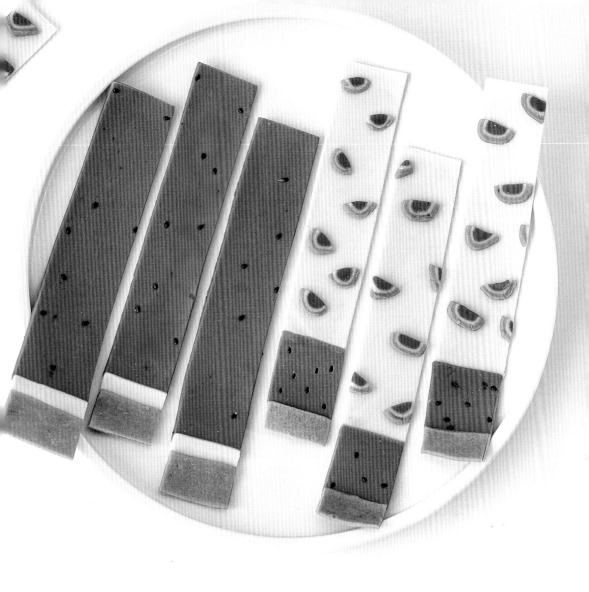

西瓜
面条

学会做这款面条，就能随时吃"西瓜"了。用火龙果汁和菠菜汁做的西瓜面条，带点儿插画风格，真是趣味十足呀。把火龙果的籽当作西瓜籽，再恰当不过了，做出的成品还有那么一点儿可爱。面条的粗细根据喜好确定就可以了，做好的面条可以搭配肉臊、葱油或者牛肉。

做面条是件简单又好玩的事，用可爱的面条来哄娃，娃也是开心得不得了。

材料

面粉⋯⋯⋯⋯⋯⋯⋯⋯ 150 克
菠菜⋯⋯⋯⋯⋯⋯⋯⋯ 1 小把
红心火龙果⋯⋯⋯⋯⋯ 半个

特殊工具

辅食机
面粉筛

Step 1

菠菜洗净，焯水 1 分钟后捞起，放入辅食机里打成汁。

Step 2

取火龙果果肉，用叉子捣烂，然后用面粉筛分离出果汁，再向果汁中加一点儿果肉。

Step 3

取 60 克面粉，加 26 克清水揉成白色面团。取 50 克面粉，加 22 克火龙果汁揉成红色面团。再取 40 克面粉，加 18 克菠菜汁揉成绿色面团。将面团揉光滑，裹上保鲜膜醒发 20 分钟。

Step 4

三种颜色的面团分别用擀面杖擀成薄片，切成长方形。取一大片红色面片、一小条白色面片和一小条绿色面片拼接在一起。

Step 5

将面皮的拼接处重叠一点儿，然后擀压平整。

Step 6

按自己的喜好，将擀好的面皮切成均匀的细条。

Step 7

用类似的方法做小西瓜面皮：白色面片多一些，红色其次，绿色最少，拼接处重叠一点儿，擀平。

Step 8

取红色面团搓成细长条，取白色和绿色面团擀平，在红色细长条上裹一圈白色面皮，再裹一圈绿色面皮，做出"西瓜条"。

 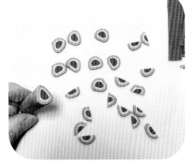

Step 9

将卷好的西瓜条用刀切成薄片，再将每一片对半切开。

Step 10

将小西瓜块沾水贴在小西瓜面皮的白色部分，再将面皮切成条即可。

蓝天白云
面条

12 个勺
以上

十分向往宫崎骏动漫里蓝天白云不染尘埃的风景。把这样的蓝天白云做成面条，和洋甘菊放在一起，真的太治愈了！给白色面条贴了笑脸，我也跟着笑了。蓝色面团用了蝶豆花粉调色，又加了一点儿天蓝色食用色素。这样做出的成品的颜色就很漂亮了。给大宝宝做可以尝试加食用色素，给小宝宝做只加蝶豆花粉就好。

希望这碗面条能治愈忙碌了一天的你，让我们一起走进童话里吧。

材料

面粉····················· 200 克
菠菜····················· 1 小把
蝶豆花粉················少许

特殊工具

辅食机
花朵模具

Step 1

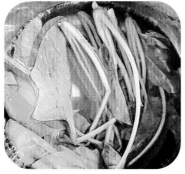

菠菜洗干净，焯水 1 分钟后捞起。

Step 2

用辅食机将煮熟的菠菜打成汁。

Step 3

取 100 克面粉，加 44 克水和少许蝶豆花粉，揉成蓝色面团。取 60 克面粉，加 26 克菠菜汁，揉成绿色面团。取 40 克面粉，加 18 克水，揉成白色面团。

Step 4

三种颜色的面团分别揉光滑，裹上保鲜膜，醒发 20 分钟。

蓝色和绿色面团分别用擀面杖擀成薄片。取一大块蓝色面片和一小条绿色面片拼接在一起，拼接处重叠一点儿。

取白色面团擀成薄片，用不同形状的花朵模具压出花朵。

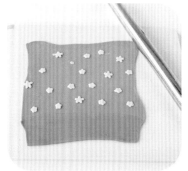

将压出的花朵沾一点儿水贴在蓝色面皮上。

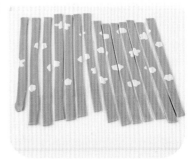

用擀面杖将面皮擀平整，再切成条即可。还可以做点白色的面条，在上面压上蓝色的云，再加个蓝色的笑脸就更可爱了。

睡莲 面条

12个月以上

很喜欢莫奈的《睡莲》，其中一幅绿色调的很简单也很容易抽象地表达出来，所以我把它做成了面条画。

做的时候不必追求还原原作，跟着感觉走就行。随意来一幅面条画吧，这种带图案的面条，可以搭配排骨汤吃。吃面条的时候，也能感受到睡莲的色彩和那湖面的平静。

面粉 ···················· 200 克
菠菜 ························· 4 根

红心火龙果汁 ············少许
南瓜粉 ·····················少许

Step 1

菠菜洗净，焯水，打成菠菜汁。
取 100 克面粉加 48 克菠菜汁
揉成绿色面团。

Step 2

取 100 克面粉加 45 克水，揉
成白色面团。取 40 克白面团
和 30 克绿色面团揉成淡绿色
面团。取 10 克白色面团加少
许南瓜粉揉成黄色面团。取 5
克白色面团加一点儿火龙果汁
揉成玫红色面团。

Step 3

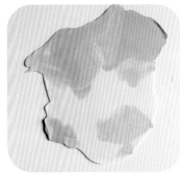

用剩余的大部分的白色面团铺
底，把剩余的绿色面团和铺底
的白色面团混合揉几次，绿色
面团放在上面和下面两个角上，
右上角白绿相接处放上一点儿
黄色面团，用擀面杖擀成薄片。

Step 4

将面片切成方形。

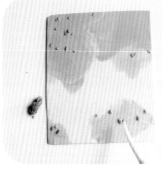

用玫红色面团和剩余的白色面团搓成很小的睡莲花朵，沾水贴在面片上。

将面片切成自己喜欢的宽度即可。

还有一种更简单的做出底色的方法：把两种绿色面团、黄色面团和白色面团分别搓成条，扭在一起，再擀成薄片。

小鸡仔
虾丸面条

9 个月
以上

　　这一次，我用面条做了几只草丛里的小鸡仔。用蛋黄虾仁丸子做出小鸡仔的造型，把煮熟的面条卷成小窝，用菠菜山药泥做成草地，把西蓝花摆上当大树和草丛，一个优美的场景就造出来了。

材料

		特殊工具
虾仁⋯⋯⋯⋯40 克	菠菜⋯⋯⋯⋯⋯2 根	辅食机
蛋黄⋯⋯⋯⋯⋯1 个	铁棍山药⋯⋯⋯30 克	波浪形模具
淀粉⋯⋯⋯⋯⋯8 克	柠檬⋯⋯⋯⋯⋯1 片	
宝宝面条⋯⋯ 1 小袋	胡萝卜⋯⋯⋯ 1 小片	
牛奶⋯⋯⋯ 40 毫升	黑芝麻⋯⋯⋯⋯少许	
西蓝花⋯⋯⋯ 2 小朵	白色芝士片⋯⋯⋯1 片	

Step 1

向虾仁中挤入柠檬汁，腌制 10 分钟。

Step 2

虾仁加蛋黄打成虾泥，再加入淀粉搅拌均匀。

Step 3

菠菜洗净，焯水。西蓝花洗净，煮熟。

Step 4

山药去皮，切段，蒸熟。将菠菜、山药和牛奶放入辅食机打成糊，倒入盘中备用。

锅里加水煮沸，用勺子挖虾泥下入锅中，继续将虾丸整理得圆一点儿，也可以等虾丸煮熟后修一下形状。

用小刀在胡萝卜上刻出几个圆锥体，当作小鸡的嘴巴。

煮熟的虾丸装盘，安上嘴巴，再用黑芝麻做出眼睛，最后用模具将芝士片压出带波浪的圆形，扣在虾丸上作帽子。再切一条芝士细条，围在一个虾丸上。

面条煮熟后捞出，用筷子卷成几个小窝。

将面条窝放到菠菜山药泥里。

将虾丸鸡放入面条窝里，再摆上西蓝花做成的大树和草丛。吃的时候拌一拌即可。

小红花

西红柿鸡蛋面

8个月
以上

　　春暖花开，万物可爱，做一碗属于春天的小红花面条，给听话的宝宝吃一碗。
（幼儿园表现好的宝宝是不是有一朵小红花？）

　　西红柿炒蛋的做法很简单，小红花造型可爱又有趣，拌一拌，吸溜一口，仿
佛吃下一整个春天。

材料

宝宝面条 ·················· 1 小袋	鸡蛋·················· 1 个
西红柿 ·················· 1 个	辅食油 ·················· 少许

Step 1

锅里加水煮开，下入宝宝面条煮熟。

Step 2

西红柿去皮，切碎。鸡蛋打入碗中，搅拌均匀。

Step 3

锅里倒少许辅食油，倒入鸡蛋炒熟，盛起备用。

Step 4

将西红柿倒入锅里，炒软后关火。

Step 5

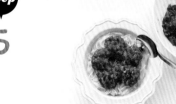

将面条盛入碗中，用勺子舀西红柿摆在面上，一勺西红柿做成一个花瓣。

Step 6

在西红柿中间放上鸡蛋碎即可。

第 **4** 章

把画
吃进肚子里

莫奈睡莲
油画吐司（一）

一直想挑战一下吐司名画，下手后才发现其实没想象得那么难，难在不敢跨出第一步。不管好或不好，像或不像，至少我享受了沉浸式画画的过程。

莫奈的《睡莲》系列很经典，他足足画了27年，画了250多张。真正的睡莲系列作品一共181幅，是印象派的史诗级作品。

这张嫩绿色系睡莲，带着一点儿宁静，色调很春日，很小清新。

关于制作和调色：我用了宝宝奶酪来作画，用奶酪做出的成品比酸奶更有油画的质感，带点儿肌理感，颜色一叠加就出效果了。因为用的颜色多是同色系的，随意叠加也不容易脏了画面，对新手比较友好。如果你有闲情，也给自己画一幅吧，好看又好吃。

如果没有宝宝奶酪，用厚酸奶也可以，或者把酸奶过滤成希腊酸奶。

材料

		特殊工具
吐司…………………1 片	南瓜粉…………适量	平头笔
宝宝奶酪………适量	草莓粉…………适量	刮刀
酸奶……………适量	蝶豆花粉………适量	
大麦苗粉………适量	竹炭粉…………适量	

 Step 1

奶酪加酸奶化开，分成若干部分，分别加大麦苗粉、南瓜粉、草莓粉、蝶豆花粉调出绿色、黄色、粉色、蓝色。墨绿色可以用大麦苗粉加一点儿竹炭粉调出。

Step 2

对照莫奈的原作，先用刮刀取调好的"颜料"，在吐司上大体铺一遍底色。

 Step 3

再次丰富色彩。

 Step 4

最后用平头笔刻画阴影、高光和细节部分。稍微细心一点儿就能成功。

莫奈睡莲
油画吐司（二）

这是第二幅莫奈《睡莲》吐司画。上一篇画了嫩绿色系的《睡莲》，这次换一幅蓝绿色系的。

众所周知，莫奈沉迷于画睡莲，与其说他是用色彩表现大自然的水中睡莲，不如说他是用水中睡莲表现大自然的色彩。

画的细节没有刻画得太仔细，享受的是从无到有的画画过程。

材料

吐司 ··············· 1 片	南瓜粉 ··········· 适量
宝宝奶酪 ········ 适量	竹炭粉 ··········· 适量
酸奶 ··············· 适量	蝶豆花粉 ········ 适量
大麦苗粉 ········ 适量	蓝色食用色素 ·· 少许

特殊工具

平头笔
刮刀

Step
1

奶酪加酸奶化开，分成若干部分，分别加大麦苗粉、南瓜粉、蝶豆花粉和蓝色食用色素调出绿色、黄色、雾蓝、亮蓝，可以通过增减奶酪的用量调颜色的深浅。墨绿色用大麦苗粉加一点儿竹炭粉调。

Step
2

对照莫奈的原作，先用刮刀取调好的"颜料"，在吐司上大体铺一遍底色。

Step
3

再次丰富色彩。

Step
4

最后用平头笔刻画阴影、高光和细节部分。稍微细心一点儿就能成功。

蒙德里安
彩绘吐司

有一种广为人知的三原色格子，是荷兰画家皮特·蒙德里安创作的。蒙德里安是风格派的先驱，主张摒弃艺术的客观形象和生活内容，用最基础、最简单的垂直线、水平线和三原色进行创作。

这款吐司的灵感就来自蒙德里安。宝宝一岁左右就可以教他们辨别颜色了，蒙德里安作品里的红、黄、蓝三原色正好适合，吃东西之前可以顺便互动一下。

材料

吐司	1 片	海苔片	少许
酸奶	适量	黄色芝士片	少许
草莓酱	适量	白色芝士片	少许
蝶豆花粉	适量		

特殊工具

刮刀

Step 1

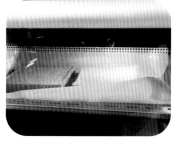

吐司片放入烤箱用上下火170℃烤5分钟，取出备用。

Step 2

酸奶加一点儿蝶豆花粉，调成蓝色。

Step 3

海苔片剪成细条，按吐司大小调整长度，按上图的样子拼一下再取下来。

Step 4

根据刚才的位置，用刮刀取草莓酱在吐司左下角均匀地涂出一个大方格。

Step 5

用刮刀取蓝色酸奶在右上角涂出一个小方格。

Step 6

用黄色和白色芝士片刻出大小合适的条，贴在吐司上，再把之前剪好的海苔条贴上即可。

郁金香油画
山药酸奶吐司

这是一盘不会凋谢的郁金香花。把这种美好定格在吐司上，然后吃下去，整个人都会变得温柔。我想这大概就是郁金香给人的感觉吧。

选用了粉色、绿色和白色来呈现郁金香，整个作品有着无边无际的温柔与优雅。调色的时候，慢慢加果蔬汁，调到合适的状态即可。

用山药加酸奶来代替奶油，既能画出厚重立体的感觉，还能使人健脾养胃，保持健康低脂。记得用铁棍山药。山药和酸奶的比例是 2 : 1，这样做出来的泥不干不稀，很适合作画。

材料

吐司·····················2 片
铁棍山药··········140 克
酸奶·················70 克

红心火龙果·········1 个
青菜···················1 把
菠菜粉（选用）···少许

特殊工具

辅食机
椭圆形模具
面粉筛
裱花袋

Step 1

铁棍山药去皮，切块，蒸熟，放入辅食机中，倒入酸奶。

Step 2

将山药搅打成细腻的泥。

Step 3

用叉子捣烂火龙果，用面粉筛过滤出果汁。青菜焯水，煮熟，打成汁，如果不够绿就加点儿菠菜粉。

Step 4

山药泥分成 3 份，一份保持原色，另两份分别用火龙果汁和青菜汁调成粉色和绿色。

5

将调好的三色山药泥分别装入
裱花袋里备用。

6

取两片吐司，一片用模具压出
椭圆形的洞，在另一片上挤上
原色山药泥，抹均匀。

7

把有洞的吐司盖上去。

8

在原色山药泥上用绿色山药泥
画出枝干，用粉色山药泥叠加
几次画出郁金香 的花朵，再用
绿色山药泥画上叶子。

9

切下的椭圆形吐司块也别浪费，
画上郁金香，四周挤上白色小
圆点，做出珍珠一样的装饰。

凡高的 5 朵向日葵
菠萝花蛋糕

提起向日葵，我便会想起凡高先生。可以说，向日葵是属于他的花，他也曾说"向日葵称得上是我的东西"。《向日葵》系列作品分别绘制了插在花瓶中的 3 朵、5 朵、12 朵以及 15 朵向日葵，用色均是绚丽的黄色系组合。通过这个系列，凡高向世人表达了他对生命的理解。

烤的菠萝花就像那一朵朵的向日葵，于是有了这个 5 朵向日葵的蛋糕，用它向凡高致敬吧。

材料

低筋面粉 ········ 50 克
玉米淀粉 ········ 5 克
鸡蛋 ············ 3 个
酸奶 ············ 适量
配方奶 ·········· 40 克
玉米油 ·········· 35 克

糖粉 ············ 20 克
淡盐水 ·········· 适量
柠檬 ············ 1 片
菠萝肉 ·········· 适量
菠萝叶 ·········· 4 片

特殊工具

球形模具或锡纸
电动打蛋器
4 寸蛋糕模具
酸奶乳清过滤器
面粉筛
硅胶刮刀

Step 1

菠萝肉留出一半备用，剩下的切成约 3 毫米厚的薄片，用淡盐水泡一下，放入烤箱中，用上下火 100℃烤 60 分钟。把菠萝片翻面，放在球形模具上定型（如果没有就用锡纸撕成小块搓成球）。一个球上放一片菠萝片，用上下火 100℃再烤 60 分钟。菠萝花就烤好了。

Step 2

取两个无水、无油的容器，将 3 个鸡蛋的蛋黄和蛋白分离，蛋白送去冰箱冷藏。向蛋黄中加入配方奶和玉米油。

Step 3

将蛋黄搅拌均匀。

Step 4

向蛋黄中筛入低筋面粉。

再次搅拌均匀。此时可以预热烤箱。

从冰箱中取出蛋白，挤入几滴柠檬汁。

用电动打蛋器高速打发蛋白，打至出现粗泡时加入三分之一的糖粉。

打至出现细泡时再加入三分之一的糖粉。

打至出纹路时，把剩下的糖粉和玉米淀粉加进去，继续打发至挑起蛋白时有小尖角就可以了。

把打发好的蛋白的三分之一加入蛋黄糊里，用硅胶刮刀翻拌均匀。

11

把蛋黄糊混合物倒入剩下的蛋白里继续用翻拌的手法快速拌均匀，蛋糕糊就做好了。

12

将拌好的蛋糕糊倒入 4 寸蛋糕模具里，高一点儿倒下去，装至七八分满，震几下震出气泡。

13

将模具放入烤箱中，用上下火 140℃烤 40 分钟。最后 10 分钟需多注意蛋糕的上色情况。

14

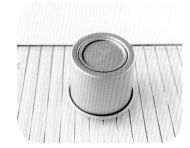

烤好后将模具取出，震几下震出热气，马上倒扣在烤架上，待蛋糕冷却后就能完美脱模了。

15

将取出的蛋糕坯均匀切成 2 片。

16

制作希腊酸奶：将酸奶倒入酸奶乳清过滤器里，放置 24 小时过滤掉乳清就能做出希腊酸奶。希腊酸奶很适合用来代替淡奶油用于给蛋糕抹面。

将留出的菠萝肉切碎。在一片蛋糕坯上涂一层希腊酸奶，摆上一层菠萝碎，再放上另一片蛋糕坯。

在整个蛋糕外面，涂上一层希腊酸奶。

选5朵烤好的菠萝花放上去，再用菠萝叶剪出小叶子的形状，装饰一下即可。

杜比尼花园

糖果饺子

12个月
以上

糖果饺子图案的创意来自凡高的《杜比尼花园》，这幅画以绿色为主色调，描绘了凡高敬仰的画家夏尔－弗朗索瓦·杜比尼的花园一角。凡高曾这样描述这幅画："前景是绿色和粉红色的草地，中间是玫瑰花丛，右边是一个小门，还有一排黄色的菩提树，带蓝色瓷砖屋顶的粉红色房子本身是在背景中。"

我取了画里的花丛部分，借用宝宝喜欢的糖果形状抽象地表现了一下这幅画。

材料

猪肉·············100 克
胡萝卜·········半根
葱··············· 1 小段
蛋黄·············1 个
面粉·············260 克

菠菜·············4 根
红曲粉·········少许
蝶豆花粉·······少许
宝宝酱油·······1 勺
盐··············· 适量

特殊工具

辅食机

猪肉和胡萝卜分别剁碎，葱切碎。将上述食材放在一起，加入 1 个蛋黄。

加 1 勺宝宝酱油和适量的盐，搅拌均匀备用。

取 100 克面粉，加 50 克水揉成白面团。取 40 克白面团加一点儿红曲粉揉成淡粉色面团，取一小块淡粉色面团多加一点儿红曲粉揉成大红色面团。取 5 克白色面团加蝶豆花粉揉成蓝色面团。菠菜焯水，用辅食机打成菠菜汁，取 80 克面粉加 38 克菠菜汁揉成绿色面团。取 80 克面粉加 15 克菠菜汁和 20 克水揉成淡绿色面团。将面团分别包上保鲜膜醒发 20 分钟。

将两种绿色面团和剩余的白色面团分别搓成条，再扭在一起，切成小剂子。

将小剂子压成饼后擀成饺子皮。

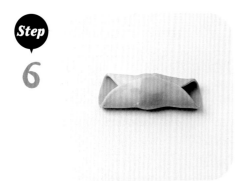

在饺子皮中间放适量肉馅，再将皮往中间交叠。

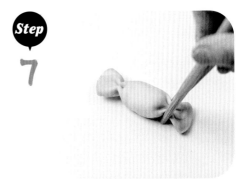

两头的面皮用筷子夹出褶子（用手捏也可以）。

将带褶子的两头顺时针扭一下，就成了糖果饺子。用剩余的彩色面团做出小花，沾水贴在皮上即可。饺子拿来蒸或者煮都行。

戴珍珠耳环的少女
花生汤圆

12个月
以上

经典名画《戴珍珠耳环的少女》，是 17 世纪荷兰画家约翰内斯·维米尔于 1665 年创作完成的一幅油画。画中少女模糊的神情让人分不清悲喜，少女耳边的珍珠耳环若隐若现，成了整幅画的点睛之笔，而她的一次不经意的回眸成了美好的永恒。

我去掉了名画的庄严，把它做成了卡通版的，瞬间被"萌化"了。制作时，我把原本棕色的衣服换成了橙色的，因为橙色会让人更有食欲，也许这就是美食与艺术正确的融合方式。珍珠耳环是用现成的糖珠做成的。

材料

花生米 ………100 克	猪油 …………20 克	
黄油…………40 克	南瓜粉 ………少许	
白糖…………20 克	红丝绒液 ……少许	
海苔碎 ………10 克	蓝色食用色素 ·少许	
糯米粉 ………200 克	竹炭粉 ………少许	
马铃薯淀粉…20 克	装饰糖珠 ……适量	

特殊工具

辅食机

Step
1

花生米放入烤箱，用150℃烤13 分钟，取出，晾一会儿后搓掉外皮。

Step
2

去皮的花生米加白糖和海苔碎，放入辅食机打碎。

Step
3

黄油隔水化开，倒入花生海苔碎，搅拌均匀。

Step
4

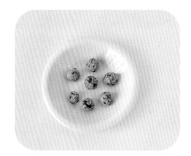

将上一步的材料搓成小球，放入冰箱中冷藏备用。

5

糯米粉加马铃薯淀粉和适量
开水，搅拌成絮状，揉成面
团后，加入猪油，用搓衣服
的方式揉成能拉很长的状态。
面团有延展性，做造型汤圆
会方便很多。

6

取 40 克白面团加南瓜粉揉成
淡黄色面团。取 40 克白面团
加南瓜粉和红丝绒液揉成橙
色面团。取 80 克白面团加少
许橙色面团揉成肤色面团。
取 15 克白面团加蓝色食用色
素揉成蓝色面团。取 5 克白面
团加竹炭粉揉成黑色面团。给
揉好的面团盖上保鲜膜保湿。

7

取适量肤色面团压成饼，包
入花生混合球，收口团圆做
出少女的头。

8

用肤色面团搓出身体，注意
身体和头的比例，将二者组
合起来。

9

取肤色面团搓个小耳朵。

10

取一点儿淡黄色面团裹三层
做出头发的一部分。

把头发组装在后脑勺上。取蓝色面团擀薄组装在头上作头巾，用工具压出褶子。用黑色面团在脸上做出表情。

取一块橘色面团擀薄，裹在身体面团上做出衣服，再取白色面团搓成细条，贴出V字领口。另取两小块肤色面团，搓出两条胳膊，再取一块橘色面团擀薄，分成两片，分别裹在胳膊上，然后把两条胳膊安到身体上。

将头和身体组装起来，再取一点儿淡黄色面团做出长头发，做的过程中注意防干，可以盖上保鲜膜。如果有多余的面团，可以再捏一朵小花。将所有汤圆做好，蒸两分钟，再放入开水里煮至浮起。摆盘的时候，在少女的耳朵上粘上装饰糖珠即可。

第 5 章

哄娃神器

雪花奶片

这款雪花奶片超级梦幻，营养丰富又具有较好的补钙效果。奶片做法很简单，只需要用到两三种食材，学会就不用买啦！一口一个，一会儿就能消灭很多！做好的奶片可以放在密封盒里保存，尽量当天吃完。奶片有一点儿甜味，不过只是奶粉的甜度。

如果没有模具，直接切块就可以，也可以再加点儿蔓越莓干，酸酸甜甜的，也很好吃。

材料

奶粉⋯⋯⋯⋯⋯⋯⋯⋯ 60 克
宝宝酸奶⋯⋯⋯⋯⋯⋯ 20 克
蝶豆花粉⋯⋯⋯⋯⋯⋯⋯ 1 克

特殊工具

雪花压花模具

Step 1

取 10 克宝宝酸奶，加蝶豆花粉搅拌均匀。

Step 2

取 30 克奶粉加调好的蓝色酸奶，揉成蓝色面团。再取 30 克奶粉加 10 克宝宝酸奶，揉成白色面团。

Step 3

将揉好的面团静置几分钟，待其变硬一点就不会粘手了。

Step 4

将面团放在油纸上，擀成薄薄的面皮。

Step 5

用雪花压花模具在面皮上压出雪花片。

Step 6

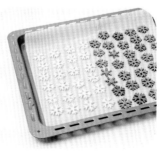

将雪花片放入烤盘，送入烤箱中，用上下火 60℃烤 50 分钟，拿出放凉即可。

雪人
酸奶松饼

　　松饼是我女儿吃手指食物时开始吃的，我记得她第一次吃的是香蕉松饼。吃松饼可以锻炼宝宝的咀嚼能力和手眼口协调能力。松饼可以当作正餐的手指食物，还能当下午茶点心，做法也十分简单。

　　酸奶可以替换成蔬菜水果汁，只要能调出有流动性的糊就行。如果宝宝对蛋清过敏，可以只加蛋黄，其他食材减半。

材料

浓稠酸奶 ………360 克
低筋面粉 ………60 克
鸡蛋 ………………2 个
自制希腊酸奶[1] ………
…………………200 克
草莓 ………………1 颗
白糖（选用）……10 克

黑芝麻 ……………2 粒
雪花奶片（选用）……
…………………少许
迷迭香（选用）… 少许
蓝莓（选用）…… 少许
奶粉（选用）…… 少许

特殊工具

酸奶乳清过滤器
裱花袋
面粉筛

Step 1

将 2 个鸡蛋打入碗里，倒入
160 克浓稠酸奶和 10 克白糖
（1 岁以上可加），搅拌均匀。

Step 2

向碗中筛入低筋面粉。

Step 3

再次搅拌均匀，至碗中材料呈
稀糊状。

Step 4

将面糊过一遍筛。

---

1. 做法参照 p.90 第 16 步。

平底不粘锅小火加热，不加油，直接用勺子舀起面糊，从高处滴落到锅里，摊出圆形小饼。

小火慢煎至饼表面微微起小泡即可翻面，翻面后煎8～10秒即可出锅。依次做出数个松饼。

草莓从三分之一处切开，在小的那部分上挤上一点自制希腊酸奶做出雪人帽子上的小球，在大的那部分上用希腊酸奶做出雪人的脸和衣服纽扣。

用2粒黑芝麻在雪人脸上做出眼睛，再把帽子盖上去。

将松饼叠加到一起，淋上剩余的浓稠酸奶，再把雪人放上去。还可以加一些装饰物，我用了雪花奶片、迷迭香和蓝莓，撒了一点儿奶粉当作落雪。

"橙"意满满
水果篮

　　如果你家宝宝不爱吃水果，可以换一种方式试试，给宝宝做一个真正的"水果篮"，放上时令水果。宝宝可以提着它玩耍，吃水果的兴致自然就高了。这个水果篮在节日做也很合适，仪式感满满。

　　吃水果好处多多，能补充维生素，促进肠胃蠕动。不过要注意，让宝宝适量食用就好，而且最好在两餐之间食用。

材料

橙子······················ 1 个　　　蓝莓······················少许
草莓······················少许　　　黄色樱桃番茄············少许
葡萄······················少许　　　樱桃······················少许

Step

1

在橙子大概二分之一偏上一点儿的地方，切出篮子的大体形状，注意别切断了。

Step

2

把篮子提手附近的果肉切除。

Step

3

用小勺挖出剩余的果肉。

Step

4

切下的果皮削掉白色部分，切成宽约 1 厘米的细条。切出 2 个长条、3 个短条。将其中 2 个短条的一头切成鱼尾形。

Step 5

将两个长条对叠，做出"8"字形。

Step 6

将长条对叠处用平头的短条缠住，用牙签固定。

Step 7

再将带鱼尾的短条固定上去，蝴蝶结就做好了。

Step 8

用牙签将蝴蝶结固定在篮子提手上，多余的部分剪掉。

Step 9

将水果装入篮子：用挖出的橙子果肉铺底，上面摆上其他的水果即可，较大的水果可以切一切。

西瓜 水果比萨

12个月
以上

西瓜真的是热天的"标配"了，你们是怎么吃西瓜的呢？用勺子挖？抱着直接啃？这些都是常规操作了。今天就让西瓜变变变，变成水果比萨。几种水果的组合是不是让人特别满足？这个水果比萨给宝宝吃或者拿来招待客人都很合适。

注意，一次别给宝宝吃太多哟！

材料

西瓜……………… 适量
哈密瓜 ………… 半个
蓝莓……………… 少许

黄色樱桃番茄 ·· 少许
胡椒木叶（选用）…
……………… 少许

特殊工具

花朵模具

Step 1

从西瓜上切下一片约 2 厘米厚的圆片，再沿直径均匀切 4 刀。

Step 2

再切一块西瓜，将果肉切成薄片，用花朵模具压出花朵。

Step 3

哈密瓜用勺子挖出半球形的果肉，再用花朵模具压出花朵。

Step 4

将黄色樱桃番茄对半切开。

Step 5

将蓝莓摆在西瓜片中心处。

Step 6

将其他水果摆上去。可以用胡椒木叶做花朵的叶子，吃的时候去掉即可。

水果
魔方

上两篇都是创意水果，这款水果魔方也很有创意，做法也很简单。对于爱吃水果的女儿和我来说，水果魔方吃着真的太爽了。这几款创意水果都可以当作亲子美食，和宝宝一起动手做，他们会特别开心。

做魔方的水果可以按喜好来选，质地不要太软就行，西瓜、哈密瓜、苹果、梨、火龙果等就比较合适。

材料

西瓜·················适量　　菠萝肉·················适量　　金箔纸（选用）

火龙果···············适量　　胡椒木叶（选用）···少许

猕猴桃···············适量　　洋甘菊（选用）·····少许

N/A

Step 1

将各种水果的果肉取出，切成等大的小块，边长为 2 ~ 3 厘米。可以切好一个后，再对照着切。

Step 2

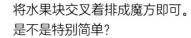

将水果块交叉着排成魔方即可。是不是特别简单？

Step 3

还可以用胡椒木叶、洋甘菊、金箔纸装饰一下，吃的时候去掉即可。

胡萝卜寿司盆栽

给这只可爱的小兔子做了好几盆胡萝卜盆栽，够它吃上一整天了吧。对于小兔子来说，有好多胡萝卜就是最幸福的事了吧。

寿司里可以包你喜欢的任意果蔬和肉类，我放了一点儿鳕鱼肠进去，简单又方便。迷你胡萝卜是用大胡萝卜刻的，心灵手巧的你一定也能做成的。胡萝卜的叶子是用薄荷叶制作的，如果家里没有，可以用芹菜叶或者相似的叶子代替。肉松可以用黑米或者饼干碎替换，能做成泥土的样子就好。

材料

海苔片 …………5 片	火腿 ……………1 片	薄荷叶 ………少许
胡萝卜 ………半根	鳕鱼肠 ………1 根	番茄酱 ………少许
米饭……………1 碗	宝宝肉松 ……适量	

 Step 1

将海苔片剪成正方形，稍微放软一点儿，按图示的步骤将四个角折叠起来，用米饭粘住，做出一个海苔小盒子。

 Step 2

向海苔盒子里盛入米饭，加至盒子容量的一半左右。

 Step 3

鳕鱼肠切片，取几片放入海苔盒子里。

Step 4

再盖上米饭压实。

Step 5

在米饭上铺一层宝宝肉松当作泥土。按此方法再做 4 个海苔盒子。

Step 6

胡萝卜切成小条，一头削尖一头修圆，做成迷你胡萝卜的样子。锅里加水烧开，放入迷你胡萝卜煮熟。

Step 7

迷你胡萝卜捞出放凉，用牙签在圆的一头扎个孔，用薄荷叶做出叶子。

Step 8

取几根迷你胡萝卜分别插在 4 个海苔盒子里。再用米饭捏一只可爱的兔子，做出抱着胡萝卜的造型。

Step 9

用海苔片剪出兔子的眼睛和鼻子粘上去，用火腿肠片剪成长条做出兔子耳朵粉色的部分。用牙签蘸一点儿番茄酱给兔子画出腮红即可。

老虎寿司盒子
南瓜虾仁饭

"大橘大利"虎："把你的墨镜给我戴一下嘛。"

戴墨镜的"逗逗虎"："找个角落一边待着去！"

看到这些寿司盒子，我就"脑补"出一番对话。戴墨镜的老虎、橘子虎，老虎爪子和尾巴，这些元素太可爱了，和上一篇的小兔子胡萝卜寿司盆栽是一个系列。

南瓜加虾仁是不会出错的搭配，又甜又鲜美，它们是宝宝不可错过的家常菜食材，用它们做出的菜拿来拌饭、拌面都可以。

材料

贝贝南瓜······半个　　白色芝士片······1 片
鲜虾······6 只　　生姜片······适量
海苔片······6 片　　薄荷叶······适量
米饭······1 碗

将海苔片剪成正方形，稍微放软一点儿，按图示的步骤将四个角折叠起来，用米饭粘住，做成海苔小盒子。

南瓜去皮，蒸熟，压成泥。米饭分成两份，取一份加入南瓜泥拌匀。

鲜虾加生姜片放入锅里煮熟。将虾捞出，去皮，去虾线，备用。

取少量拌好的南瓜饭放入海苔盒子里。

再向海苔盒子里放入一只虾。

用南瓜饭填满整个盒子。

取部分南瓜饭捏出老虎头。用白色芝士片剪出眼睛，再用做盒子剩下的海苔片剪出黑眼珠、墨镜和花纹，依次贴在老虎头上，老虎寿司盒子就做好了。

再按类似的方法做出尾巴、爪子（用白色米饭做）、橘子和橘子虎造型的寿司盒子，搭配起来就很丰富了。最后用薄荷叶装饰一下橘子和橘子虎就可以了。

"冰激凌"饭团

请你吃"冰激凌",不过,这个"冰激凌"其实是饭团。

炎炎夏日,让宝宝眼巴巴地看着你吃冰激凌,实在太残忍了!教你一招,用饭团做冰激凌,这样宝宝也能愉快地吃"冰激凌"啦!

这个冰激凌饭团简直就是哄娃神器。用一点儿小心思,简简单单就能让宝宝爱上吃米饭了。我用的迷你甜筒皮是买的,也可以自己用米粉烤。

材料

米饭……………… 适量　　白色芝士片…… 少许
迷你甜筒皮……2 个　　黑芝麻………… 少许
小馒头………… 少许　　空心菜叶………2 片
宝宝肉松……… 少许

特殊工具

小圆形模具

Step 1

在保鲜膜上舀一勺米饭，再铺一点儿宝宝肉松。

Step 2

将米饭混合物用保鲜膜包着捏成球形的饭团。

Step 3

白色芝士片用模具压出小圆片，再对半切开。

Step 4

把饭团装在迷你甜筒皮上。

Step 5

在饭团上贴两个小馒头。

Step 6

用黑芝麻做出眼睛、鼻子，再将切好的白色芝士片粘到迷你甜筒皮上。最后在饭团上盖上空心菜叶子即可。

第6章

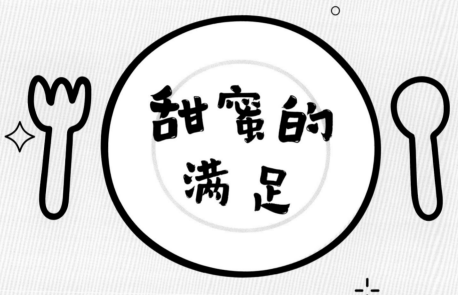

甜蜜的
满足

南瓜啵啵蛋挞

这款蛋挞是这么来的：某天午休后，我不想下楼买食材，发现家里有南瓜，突然就想到可以做一个同色系的小狮子，所以这款蛋挞的食材很简单。不过它的口感层次丰富，因为里面有蛋挞馅，还有南瓜泥、南瓜啵啵球和芝士。它味道香浓又不腻，加上可爱的造型，让人无法拒绝，我们在家就能实现蛋挞自由啦！

做的时候注意，啵啵球别做太大，留点儿空间画小狮子的表情。南瓜泥和木薯粉的比例根据南瓜泥的干湿程度来调整。南瓜蒸熟后，将盘子里的水倒掉，做出的南瓜泥就不会太湿了。

材料

蛋挞皮 ·············8 个   南瓜·············80 克   特殊工具

鸡蛋················2 个   木薯淀粉·········60 克   辅食机

纯牛奶 ······· 200 毫升   白色芝士片········1 片   面粉筛（选用）

白糖（选用）···10 克   黑芝麻酱·········少许   小圆形模具

裱花袋

Step
1

南瓜切片，上锅蒸熟后用辅食
机打成泥。

Step
2

鸡蛋打入容器中，加入纯牛奶
和白糖搅拌均匀，即成蛋挞液。
蛋挞液过一遍筛会更细腻。

Step
3

取出蛋挞皮，倒入蛋挞液，8
分满即可。烤箱预热，放入蛋
挞，用上下火 200℃烤 20 ~ 25
分钟。

Step
4

取 50 克南瓜泥，加 60 克木薯
淀粉，搅拌后揉成团。

揉好的面团搓成细条，均匀切成小块，再把小块搓成小球（不要太大），撒上木薯淀粉（分量外），避免小球粘到一起。

锅中倒水烧开，放入小球，煮七八分钟后关火，啵啵球就做好了。取出啵啵球，过一遍凉水备用。

将剩余的南瓜泥装入裱花袋，挤入烤熟的蛋挞里，再沿着边摆上一圈啵啵球。

芝士片用小圆形模具压出小圆片。

在每个蛋挞中摆上两个小芝士片，再用黑芝麻酱做出表情即可。

萌萌兔

芋泥西多士 、

12个月
以上

西多士真的是一道怎么做都不会难吃的美食，一口爆浆，让人欲罢不能。夹心的材料可随便换，花生酱、芝士片、浓稠酸奶、果酱、芋泥都很合适。芋泥夹心的西多士属于低卡版本的，很适合宝宝和正在减脂的妈妈食用。

这款西多士 10 分钟就能做出来，当作早餐或者下午的点心都是可以的。

材料 | | 特殊工具

荔浦芋头	200 克	白色芝士片	1 片	料理机
紫薯	60 克	辅食油或黄油	适量	裱花袋
牛奶	90 毫升	草莓酱	少许	裱花嘴
鸡蛋	1 个	洋甘菊（选用）	少许	兔子模具
吐司	2 片	胡椒木叶（选用）	少许	

Step 1

荔浦芋头和紫薯去皮，切块，放入蒸锅蒸 20 分钟左右。

Step 2

蒸熟的芋头和紫薯加部分牛奶，用料理机打成泥。

Step 3

将芋泥混合物盛出备用。

Step 4

吐司切掉 4 边，再对半切开。中间用勺子压一下，这样可以多装一点儿馅儿。

Step 5

取一片切好的吐司，将部分芋泥混合物涂在中间，再盖上一片吐司。

Step 6

鸡蛋打入碗中，加入剩余的牛奶搅拌均匀。

7

将带夹心的吐司裹上鸡蛋牛奶液。

8

锅里放辅食油或黄油，放入夹心吐司小火煎至两面金黄。

9

将煎好的吐司用油纸包上，两头扭成糖果的样子，用绳子系上（没有可不用）。

10

留出少许芋泥混合物备用，其余的倒入裱花袋里，挤在吐司表面。

11

取白色芝士片，用兔子模具压出小兔子形状。

12

用牙签蘸点儿芋泥混合物给兔子画上眼睛、鼻子、嘴巴，再蘸点儿草莓酱画出腮红。洋甘菊和胡椒木叶是装饰物，吃的时候去掉即可。也可以不装饰，直接食用。

脚丫
奶酪布丁

奶酪布丁简单易做，将材料加热，搅一搅放入模具中，成型后就能吃。它有浓浓的奶香味，颜值又高，吸引宝宝完全没问题。我这个"大宝宝"也爱它。

它还有助于补钙呢，快做起来吧！

材料

牛奶……………………100 毫升
宝宝奶酪片………………… 20 克
吉利丁片 ………………… 5 克
红心火龙果肉 …………少许

特殊工具

面粉筛
爪子模具
滴管

吉利丁片用凉水泡软。

锅中放入泡软的吉利丁片和奶酪片，倒入牛奶。

火龙果肉捣烂取汁。

小火加热，搅拌至吉利丁片和奶酪片化开，关火。

将锅中的液体过一遍筛。

倒出一半的奶酪牛奶汁，加一点儿火龙果汁调成淡粉色。

用滴管分别吸取两种颜色的奶酪牛奶汁，滴在爪子模具里，做出爪子凸起的部分，冷冻5分钟定型。

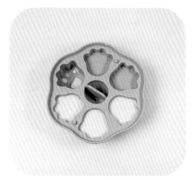

将剩余的奶酪牛奶汁倒入模具，颜色要与模具中已有的不同，冷藏2小时，萌萌的爪子奶酪布丁就做好了。

荷塘月色
绿豆糕

　　碧绿的荷塘，水面露出神韵各异的荷花，微风掠过，送来缕缕清香。蛙声和蝉鸣声交织着。在盛夏，最美的那一抹风景无疑就是它了吧。

　　绿豆糕是传统特色糕点之一。它细腻软绵，入口即化，清热解毒，是夏季必备的消暑小甜点！可外面买的绿豆糕往往高糖高油，让人不敢大快朵颐，更别说给宝宝吃了。不如自己做一份吧。这款绿豆糕里还包了奶黄馅，吃起来会有奶香味，小宝宝也可以尝试。

材料

脱皮绿豆 …… 200 克
辅食油 ……… 30 克
牛奶 ……… 150 毫升
红心火龙果汁 ·· 适量
菠菜汁 ……… 适量

鸡蛋 …………… 2 个
低筋面粉 …… 40 克
核桃油 ……… 15 克
糖粉 ………… 10 克

特殊工具

辅食机
面粉筛
荷花绿豆糕模具（一组）

Step 1

脱皮绿豆洗干净后提前浸泡一晚。

Step 2

将泡好的绿豆上锅蒸 45 分钟左右。如果绿豆可以用手指轻松捏碎，就代表蒸熟了。

Step 3

蒸熟的绿豆加 50 毫升牛奶，用辅食机打成细腻的泥。

Step 4

取四分之一的牛奶绿豆泥，加入适量红心火龙果汁调成粉色。

Step 5

将剩下的牛奶绿豆泥取三分之一，加适量菠菜汁调成绿色。

Step 6

将三种颜色的绿豆泥分别放入锅里，分别加入适量辅食油，小火加热，不停翻炒，炒至豆沙不粘手为止。

Step 7

将炒好的绿豆沙分别盛出。将绿色的绿豆沙分出一半，加三分之一的原色绿豆沙揉成嫩绿色。给四种颜色的绿豆沙包上保鲜膜，以免变干。

Step 8

再来制作奶黄馅。碗中打入 2 个鸡蛋，加剩余的牛奶和糖粉搅拌均匀。

Step 9

向碗中筛入低筋面粉，搅拌均匀。

Step 10

将搅匀的牛奶糊过一遍筛，倒入不粘锅里。再加入核桃油，小火加热，不停搅拌。

炒至液体慢慢凝固、抱团，奶黄馅就炒好了。

将奶黄馅团成 4 个小球。

取原色绿豆沙，擀成皮，把奶黄馅包入其中。

将绿豆皮收口团圆，放入模具中。

用荷花绿豆糕模具按压，脱模。依次做出不同颜色、不同造型的绿豆糕，装盘即可。

雪人
红豆汤

12个月以上

一年四季都很适合喝红豆汤，夏季喝解暑，冬季喝暖身暖胃。

做上一个可爱的雪人，让它在汤里泡澡，看着就让人胃口大开。爽滑的雪人是用豆腐和糯米粉做的，带着一点儿豆香味，再配上一碗香浓甜美的红豆汤，真是解暑佳品！妈妈夏天吃的时候可以冰镇一下，还可以煮点儿芋头做成芋圆，在家就能喝上红豆芋圆汤啦。

红豆有健脾胃、祛湿排毒的功效，适当吃一些可以调节脾胃功能，增强抵抗力。注意，肠胃不太好的妈妈或宝宝晚上尽量别吃豆类，会胀气的哟。

材料

红豆…………150 克	冰糖……………适量	黑芝麻酱………少许
糯米粉…………50 克	红曲粉…………适量	番茄酱…………少许
嫩豆腐…………60 克	菠菜粉…………适量	淀粉（选用）··少许

Step 1

红豆提前浸泡一晚（不泡会熟得慢一点儿）。

Step 2

将泡好的红豆倒入电饭锅，加红豆体积三倍左右的清水，焖煮 40 分钟。

Step 3

将煮好的红豆汤倒入锅里，加入适量冰糖（加入的量根据喜好来），小火慢煮 20 分钟左右。想出沙更多，可以用铲子按压红豆（或者取一半红豆用料理机打成豆沙）。喜欢汤汁浓稠的，可以加入少量淀粉。

Step 4

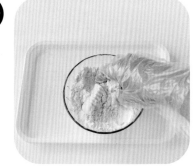

糯米粉倒入碗中，加嫩豆腐揉成光滑的面团。如果感觉有点儿干，可适量加一点儿水。

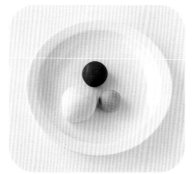

取四分之一的面团加菠菜粉揉成绿色面团，另取四分之一的面团加红曲粉揉成红色面团。

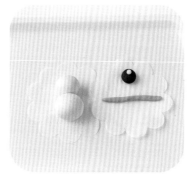

用部分白色面团捏出雪人的头、身体和帽子上的小球。用部分红色面团捏出帽子，把小球安到帽子上。用部分绿色面团捏出围巾。

沾水将雪人各部分组装在一起。用部分白色面团和部分绿色面团捏出个礼物盒。再分别用三种颜色的面团搓一些小丸子。锅里加水煮开，放入所有糯米团子，煮至浮起。

将糯米团子捞起来和红豆汤放在一个碗里。

用牙签蘸黑芝麻酱和番茄酱画出雪人的表情，雪人红豆汤就做好了。

天使猪猪
山药糕

12个月以上

"炎炎夏日,两只小猪很惬意地躲树叶下乘凉。"

将夏日山药糕做成可爱的小猪,就成了女儿喜欢到嗷嗷叫的点心。它看起来很好吃,捏起来很有趣,吃起来甜甜糯糯。

这款山药糕简单好做,可以和宝宝一起快乐地捏捏捏。

叶子上的露珠是用熬化的糖点的,所有颜色都是用果蔬粉调的,宝宝可以放心吃。

材料

铁棍山药 ⋯⋯200 克	菠菜粉 ⋯⋯⋯ 少许
米粉 ⋯⋯⋯⋯20 克	草莓粉 ⋯⋯⋯ 少许
奶粉 ⋯⋯⋯⋯10 克	白糖 ⋯⋯⋯⋯ 适量
果泥 ⋯⋯⋯⋯ 适量	海苔片 ⋯⋯⋯ 少许

特殊工具

硅胶冰球模具
辅食机

Step 1

果泥装入硅胶冰球模具中，放入冰箱中冷冻 1 小时。铁棍山药去皮，切段，蒸熟。

Step 2

将米粉放入辅食机中打成细米粉。蒸熟的山药沥干水分，压成泥，加入细米粉和奶粉。

Step 3

将山药泥和细米粉揉成泥团。

Step 4

取一块泥团加菠菜粉调成绿色，取一大块泥团加草莓粉调成淡粉色，再取一小块泥团加草莓粉调成深粉色。

Step 5

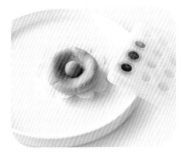

冷冻果泥球取出，静置一会儿。取一块淡粉色山药团，压扁，放上一个冷冻果泥球。

Step 6

果泥山药团收口团成椭球形。再用部分淡粉色山药团捏出耳朵和腿，安到小猪身上。

Step 7

用海苔片剪出小猪的眼睛，粘好。用部分深粉色山药团捏出小猪的鼻子和腮红，粘好。取部分白色山药团捏成两个扁扁的三角形，再压出纹路，做出一对翅膀，粘到小猪身上。

Step 8

将绿色山药团用油纸包着擀成薄片。

Step 9

将绿色薄片切成叶子的形状，再用刀划出叶脉。

Step 10

把小猪包进叶子里。

Step 11

用类似的方法做出另一只抱着爱心的小猪。可以多做两个爱心摆在盘子里。将白糖熬化，滴几滴在叶子上当作露珠即可。

小萌鸡
玛格丽特饼干

12个月以上

玛格丽特饼干发源于意大利。传说一位面点师爱上了住在意大利的玛格丽特小姐，于是他做了这款甜点，并把她的名字作为甜点的名称。

这是一款比曲奇还要简单的饼干，烘焙新手也可以做。它入口即化，酥到掉渣，很适合宝宝吃。空闲之时做来吃，总比吃外面买的健康吧。

我做了小萌鸡的造型，真是可爱到让人不忍心吃掉，宝宝拿着吃也会爱不释手的。

材料

无盐黄油	50 克	盐	0.5 克
糖粉	15 克	南瓜粉	5 克
低筋面粉	45 克	胡萝卜粉	少许
玉米淀粉	40 克	黑芝麻	少许
熟蛋黄	1 个		

特殊工具

电动打蛋器
面粉筛
硅胶刮刀

Step 1

黄油放入碗中，在室温下软化，加糖粉和盐拌匀，用电动打蛋器打发至发白且蓬松。

Step 2

将熟蛋黄过筛到黄油混合物里。

Step 3

用硅胶刮刀搅拌均匀。

Step 4

向碗中筛入低筋面粉、玉米淀粉和南瓜粉，揉成淡黄色面团。

Step 5

分出一小部分面团，加一点儿胡萝卜粉，揉成橘色面团。

Step 6

将大部分淡黄色面团揉成若干均匀的小球。留少许备用。

Step 7

用大拇指把小球压扁。

Step 8

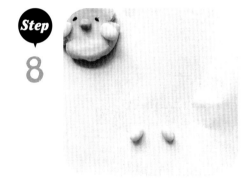

取一小块淡黄色面团，搓出若干个椭圆形的小翅膀，分别粘到每个饼干上。

Step 9

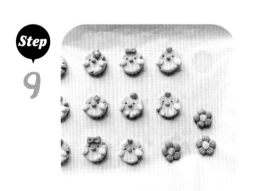

用大部分橘色面团做出嘴巴以及爱心、花朵、蝴蝶结等装饰，组装到饼干上，用黑芝麻做出小鸡的眼睛。再用剩余的面团做几朵大一点儿的花。烤箱预热，放入饼干生坯，用上下火170℃烤15~18分钟。可以盖上锡纸烤，以免饼干上色变焦黄。

西瓜饼干

12个月以上

盛夏有烈日、甘霖、鸣蝉，还有我最爱的西瓜。午后休憩的时光，绿荫下透射出缕缕阳光，坐着小凳，拿着蒲扇，端着西瓜，大口啃，大声笑，这种美好的情形真的让人很惬意。

于是，我花了点儿时间，做了一款"很夏天"的小饼干，用它哄娃妥妥的。

材料

低筋面粉……160 克
无盐黄油……70 克
糖粉……10 克
玉米淀粉……15 克
炼乳……95 克

盐……………1 克
大麦苗粉………适量
红丝绒液………适量
黑芝麻………少许

特殊工具

电动打蛋器
食用色素笔
面粉筛

Step 1

黄油放入碗中，在室温下软化，加入糖粉和盐。

Step 2

用电动打蛋器将黄油打发至微微发白。

Step 3

向碗中加入炼乳。

Step 4

将黄油和炼乳搅拌均匀。

向碗中筛入低筋面粉和玉米淀粉，翻拌均匀。

将面揉至成团。

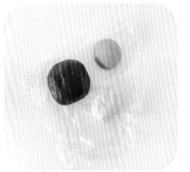

取面团的四分之一加大麦苗粉揉成绿色面团，再取剩余白色面团的三分之二加红丝绒液揉成红色面团。

将红色面团整理成长条，白色面团和绿色面团擀成片，依次贴在红色面团上，整理成方方正正的西瓜长条。

将西瓜长条放入冰箱中，冷冻半个小时。拿出来切成 1 厘米左右的厚片，贴上黑芝麻，再用食用色素笔画上笑脸。

将西瓜片放入烤箱中，盖上锡纸，用160℃烤26分钟即可。

微笑的怪小孩 饼干

12个月以上

　　这款迷你小饼干只有纽扣大小，一口一个，让人无法拒绝。它有怪小孩微笑的表情，可爱到让人舍不得吃，酥到掉渣，入口即化，太适合宝宝食用了。我在做的时候减少了糖的量，低糖的更健康哟！

材料

黄油·············60 克
低筋面粉······110 克
白糖············10 克

盐·················1 克
蛋黄液·········18 克

特殊工具

裱花嘴
半圆模具
面粉筛

Step 1

黄油放入碗中，在室温下软化，加入白糖。

Step 2

将黄油和白糖翻拌均匀。

Step 3

分 3 次向碗中加入大部分蛋黄液，每次翻拌均匀后再加一点儿。

Step 4

向碗中筛入低筋面粉和盐。

翻拌均匀后揉成面团。

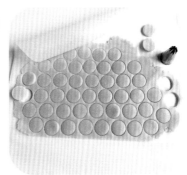

将大部分面团放在油纸上擀成约 0.3 厘米厚的薄片。用裱花嘴的宽头压出圆片备用。此时将烤箱用上下火 160℃预热。

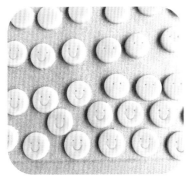

在圆片上用牙签和半圆模具做出笑脸。

用剩下的面团搓出特别小的圆片粘在饼干上做出鼻子，用吸管压出头发的轮廓，把少许蛋黄液刷在头发处，再点出鼻头和腮红。将处理好的饼干生坯放入烤箱，用上下火 160℃烤16 分钟即可。

熊猫 饼干棒棒糖

成都真的是一座可爱的城市，有软乎乎又憨憨的大熊猫。去看大熊猫的时候，它们爬树、嬉戏、打滚、吃竹子，可爱到没话说，我和女儿都无法抗拒。这一次，我把它们变成了宝宝手心里的小零食，宝宝还可以把这些可爱的饼干棒棒糖拿去和其他小朋友分享呢。

熊猫是黑白色的。为了让饼干的白色部分达到比较白的状态，我用的是偏白的无盐黄油，蛋液只用蛋清，这样烤出来的饼干就比较白一点儿。

材料

		特殊工具
无盐黄油········60克	蛋清············18克	电动打蛋器
低筋面粉·····100克	竹炭粉··········少许	裱花袋
糖粉············15克	红丝绒液········少许	棒棒糖纸棒
奶粉············15克	巧克力··········少许	面粉筛

Step 1

黄油放入碗中，在室温下软化，加糖粉。

Step 2

用电动打蛋器将黄油打发至微微发白。

Step 3

取18克蛋清倒入打发好的黄油里。

Step 4

将蛋清和黄油打发到完全融合。

Step 5

向碗中筛入低筋面粉和奶粉。

Step 6

揉至成面团。

Step 7

分出 10 克面团加竹炭粉揉成黑色面团，分出 5 克面团加少量红丝绒液揉成粉色面团。

Step 8

将原色面团搓成 5 克一个的小球。

Step 9

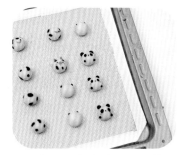

用黑色面团在小球上做出熊猫的五官和四肢，用粉色面团做出腮红。如果有多余的面团，还可以做几个奶牛。用黑色面团在小球上做出奶牛的五官和花纹，用粉色面团做出腮红。

Step 10

烤箱预热，放入熊猫面团，用上下火 170℃烤 15 分钟。

Step 11

将巧克力加热至化开，装入裱花袋里，待其快凝固的时候挤到饼干上，放上一根纸棒，盖上另外一块饼干，静置待其凝固即可。

第 **7** 章

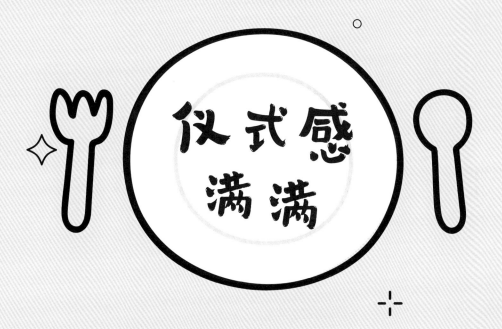

仪式感满满

杜果碎花

12个月以上

酸奶生日蛋糕

一岁一礼一欢喜。生日是每个宝宝都很期待的日子吧，可以收礼物，吃蛋糕。这款酸奶吐司蛋糕，用希腊酸奶代替了淡奶油，更健康，1周岁的宝宝也能吃。用杜果做的小碎花，简单又清新。杜果可以换成草莓或者其他水果，吐司片也可以换成蛋糕片。

材料

吐司·····························3 片
杧果·····························2 个
浓稠酸奶·············500 毫升
千叶吊兰叶·················少许

特殊工具

酸奶乳清过滤器
刮刀

 Step 1

将 500 毫升浓稠酸奶倒入酸奶乳清过滤器里，放置一天。

Step 2

过滤掉乳清的酸奶就成了浓稠的希腊酸奶。

 Step 3

杧果去皮，切成块备用。

Step 4

吐司切掉 4 个边。

Step 5

取 1 片吐司涂抹上一层希腊酸奶，放上一层杧果块，再抹上一层希腊酸奶。

Step 6

第二层进行同样的操作，最后盖上吐司片。

Step 7

用刮刀给蛋糕体四周都涂抹上希腊酸奶。

Step 8

把剩余的杧果块切成小丁，不规则地摆在蛋糕表面。

Step 9

用千叶吊兰做出叶子即可。

一帆风顺
新年海苔船

快过年时，我由"一帆风顺"这个词想到船，又联想到童年时折的纸船，于是乎，这些装着丸子的海苔船就诞生了。它们立马勾起了我儿时的回忆。

这道菜不难做，相信你们也可以成功。鱿鱼可以换成章鱼、虾。没有空气炸锅，可以用烤箱，没有烤箱，可以直接用锅煎熟，各种办法都能成功。

材料

土豆……………1个	沙拉酱（选用）……	淀粉……………1勺
鱿鱼…………1小个	……………适量	盐……………少许
卷心菜………适量	柠檬…………半个	
海苔片…………5片	海苔碎………适量	
番茄酱………适量	宝宝肉松………适量	

Step 1

土豆蒸熟后压成泥，卷心菜切碎备用。

Step 2

鱿鱼洗干净，切碎，放入碗中，挤入几滴柠檬汁去腥。

Step 3

将鱿鱼碎和卷心菜碎加入土豆泥中，加1勺淀粉和少许盐，搅拌均匀。

Step 4

将拌好的土豆泥搓成小丸子，放入空气炸锅里，用200℃烤20分钟。

Step 5

取一片长方形海苔片，沿长边的中线对折。

Step 6

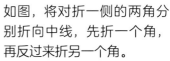

如图，将对折一侧的两角分别折向中线，先折一个角，再反过来折另一个角。

将上面多余部分分别向正反
两面折，做成口袋状。

把双手大拇指伸进口袋，拉
开，折成正方形。

将正方形开口处的角折下来。

反面同样折下来，做成口袋
状的三角形。

把双手大拇指伸进口袋，拉开，
再次折成正方形。

把与开口一头相对的角的两瓣
分别向外拉开就成了船。

将丸子放入海苔船里，挤上番茄酱和沙
拉酱（给年龄小的宝宝做的可以不加），
撒点儿宝宝肉松和海苔碎。将所有海苔
船做好即可。

猪猪兔
汤圆

　　元宵节是春节之后的第一个重要节日，也是中国的传统节日之一。这一天，人们都要吃汤圆（元宵）。

　　这次我们就捕捉那春风三里的风情。取春日花朵的一抹粉，用在可爱的卡通汤圆身上，做成猪猪兔卡通汤圆。这样的汤圆看着可爱，吃着甜滋滋。

　　在农历年之中的第一个月圆之夜，也给宝宝一点儿仪式感吧！吃了这碗汤圆，希望从此梦圆愁消，生活都是甜的。

材料

熟黑芝麻 ············· 80 克	猪油（或椰子油）··· 10 克
黄油 ····················· 35 克	马铃薯粉 ············· 10 克
白糖 ····················· 10 克	草莓粉 ····················· 少许
糯米粉 ··············· 100 克	南瓜粉 ····················· 少许

特殊工具

辅食机

Step 1

熟黑芝麻留出少许，剩余的放入辅食机打成粉。黄油隔水加热至化开。黑芝麻粉里加入白糖和化开的黄油，拌均匀，黑芝麻馅就做好了。

Step 2

将黑芝麻馅搓成若干相同大小的球，放入冰箱冷冻一下。

Step 3

将糯米粉和马铃薯粉倒入碗中，加入沸水，搅拌成絮状，再揉成团。

Step 4

向面团中加入猪油（或椰子油），揉成有一定延展性的面团。

Step 5

分出一半面团加入草莓粉，揉成淡粉色面团，取一小块淡粉色面团多加一点儿草莓粉揉成深粉色面团。再取一小块白色面团，加少量南瓜粉揉成黄色面团。揉好的面团用保鲜膜包好。

取一小块淡粉色面团，搓成球再压成饼，放入黑芝麻馅收口，团成球。

取少许白色面团压成薄片，裹在淡粉色团子上做出帽子。

取少许白色面团搓出兔子耳朵，用少许深粉色面团搓出耳朵的粉色部分和鼻子。取剩下的熟黑芝麻做出眼睛。

将各个零件都沾水粘在淡粉色团子上，用牙签戳出鼻孔和嘴巴。

猪屁股的做法：用牙签在第 7 步的粉色团子上划一道口子，用少许深粉色面团搓一根细条扭成"6"字，沾水贴在粉色团子上。还可以做两个白色团子，粘上红色或黄色爱心，也可以给兔子汤圆粘上黄色蝴蝶结。将全部卡通汤圆生坯做好。卡通汤圆可以先蒸 2 分钟，再倒入沸水里煮至浮起即可。

云朵羊

儿童节手绘冰激凌

初夏和儿童节撞个了满怀。平日里不能给宝宝的东西，在儿童节就给宝宝安排一下吧。冰激凌是大多数宝宝特别喜欢的东西，外面买的又不放心，那就借着这个节日，给宝宝做一盘吧。

在夏日，草地、云朵、软萌的小绵羊和冰激凌，我都想让宝宝拥有，于是，它来了。把这些元素画成冰激凌然后吃掉，感觉很清爽，味道也清新。

不加奶油和糖的冰激凌，吃一整个夏天也不用担心会长胖，健康又低卡，和家人一起分享吧。宝宝也能开心地吃冰激凌了，但是别让宝宝贪嘴哟。

材料

牛油果 ············ 2 个
青提 ············ 200 克
酸奶 ············ 500 克

杧果 ············ 2 个
香蕉 ············ 1 个
柠檬 ············ 半个

特殊工具

酸奶乳清过滤器
料理机
硅胶刮刀
巧克力笔
裱花袋

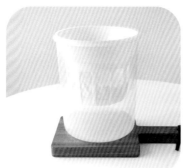

Step 1

酸奶用酸奶乳清过滤器过滤成希腊酸奶（如果没有过滤器，可以直接将宝宝酸奶冻硬）。

Step 2

牛油果取果肉切块，和青提一起放入冰箱冻硬。

Step 3

冻硬的牛油果和青提放入料理机中，加入 90 克希腊酸奶，再挤入一点儿柠檬汁，搅打 2 分钟，打成绿色果泥，盛出备用。

Step 4

杧果和香蕉取果肉冻硬，放入料理机里，加入 90 克希腊酸奶，搅打 2 分钟，打成黄色果泥。

取一小部分绿色的果泥出来，加一些希腊酸奶，搅拌成淡绿色果泥。

用勺子或者硅胶刮刀在碗中铺一层绿色果泥。

将黄色和淡绿色果泥混合叠加在绿色果泥的上半部分。

用硅胶刮刀把草地部分刮平整。

将剩余的希腊酸奶装入裱花袋里，在果泥上画出羊的身体和云朵，云朵再用勺子压平一点儿。用巧克力笔画出羊的头和腿，用杧果香蕉泥画出太阳。可以直接这样吃，也可以放入冰箱冷冻3小时，吃之前拿出来回温一下。

粽子

饭团

　　端午节是中国四大传统节日之一，是集拜神祭祖、祈福辟邪、欢庆娱乐和饮食为一体的民俗大节。端午节的习俗有赛龙舟、吃粽子、采草药等。吃粽子算是标志性的习俗了。

　　这个饭团的灵感来自粽子，是小宝宝的端午节必备饭团哟！今年，吃个不一样的粽子吧。

材料

米饭 ………… 1 小碗
宝宝肉松 ……… 适量
菠菜 …………… 4 棵
芝士片 ………… 1 片

海苔片 ………… 少许
番茄酱 ………… 少许
清香木叶子… 1 小枝

特殊工具

辅食机
三角饭团模具

菠菜焯水后用辅食机打成泥。

取半碗米饭加入菠菜泥搅拌均匀，调成绿色米饭备用。

取绿色米饭放入三角饭团模具里，压成 V 字形。

在模具空白处加一点儿白米饭。

在白米饭上放一点儿宝宝肉松。

在宝宝肉松上再盖上一层白米饭，压实。

将模具里的米饭压实，扣在盘子里，脱模。

用芝士片切出细条当作绳子，再切一根小细条，两端往中间叠，做出蝴蝶结，粘在绳子上。

用海苔片剪出眼睛和嘴巴贴上去。再用番茄酱点出腮红，可爱的粽子饭团就做好啦。可以做 2 个不同表情的饭团，摆盘的时候把饭团立起来，放上绿叶装饰一下。

萌兔
山药水果月饼

每年的农历八月十五，是中国的传统节日中秋节。因为这一天正值一年秋季的正中，故称"中秋节"。每逢中秋，皓月当空，一家人团聚在一起，品饼赏月，尽享天伦之乐。

宝宝的中秋节也要有仪式感才行。月饼是圆形的，象征团圆。把月饼做成圆圆的卡通玉兔，用山药做皮，水果做馅，再用枸果做个月亮和星星，氛围感就出来了。和宝宝一起享用这些健康又可爱的月饼时，再给他们科普一下节日的来源吧。

材料

铁棍山药······200 克
奶粉················2 勺
红心火龙果······ 半个
杧果·············· 适量

葡萄·············· 适量
黑芝麻·········· 少许
绿叶（选用）···1 片

特殊工具

花朵模具
圆头塑形工具

Step 1

山药去皮，切段，上锅蒸熟。

Step 2

将蒸熟的山药捣成泥。

Step 3

向山药泥中加入奶粉，揉均匀。

Step 4

葡萄洗净。火龙果、杧果切块备用。

Step 5

取少量火龙果，用勺子捣烂，过滤出果汁。

Step 6

取一团山药泥加一点火龙果汁揉成粉色山药团。

取一团白色山药泥，团圆后压成饼，放上一小块粉色山药团，压扁。

在粉色山药团上放一块水果。

将山药泥收口团圆。

在有粉色山药泥的区域用圆头塑形工具或筷子戳出兔子耳朵，露出粉红色。

用白色山药泥搓个小球当作兔子尾巴，再用黑芝麻做出眼睛。用杞果压出小花，装饰在兔子耳朵旁边，还可以加一片绿叶。再做 2 个兔子月饼，用杞果刻一个月亮和星星摆盘即可。

情人节
爱心吐司

生活因知足而温暖，我因有你而幸福。在情人节的早晨，给爱的人做个草莓爱心吐司吧！只要两三种食材，两分钟就能轻松搞定。不管是宝宝、伴侣，还是父母，都会满足。搭配一杯牛奶和一个鸡蛋，就更暖心了。

爱是永不止息的，所以这款爱心吐司也适用于各种有特别意义的日子，比如生日、纪念日等，一切表达爱的日子都可以用它表达你的爱。

材料

吐司·····················6 片
草莓·····················1 个
草莓酱··················适量

特殊工具

大、小爱心模具

Step 1

用大爱心模具分别在 6 片吐司上压出大爱心。

Step 2

取 3 片爱心吐司，用小爱心模具在大爱心中间压出小爱心，做出 3 片镂空爱心吐司。

Step 3

草莓切成片。在实心吐司上涂上草莓酱，再在其中一片吐司上放 1 片草莓。

Step 4

在实心吐司上盖上一片镂空吐司即可。

雪人
波点饺子

12个月
以上

　　圣诞节是西方的传统节日，外国的小朋友都很期待留着白胡子的圣诞老爷爷给他们送礼物。

　　这次，我们就过个中国式圣诞节吧，把西方节日和中式饺子混搭一下。我没有做雪人、圣诞老人这些具象的东西，而是做了有圣诞节氛围感的小元素。红绿色配在一起就很有圣诞的感觉了。用波点去装饰饺子，这个组合我好爱。

材料

虾 ⋯⋯⋯⋯⋯⋯6 只
猪肉⋯⋯⋯⋯⋯100 克
生姜⋯⋯⋯⋯⋯ 1 小块
葱 ⋯⋯⋯⋯⋯⋯⋯1 根
葱姜水⋯⋯⋯⋯⋯2 勺

宝宝酱油 ⋯⋯⋯⋯1 勺
面粉⋯⋯⋯⋯⋯280 克
菠菜 ⋯⋯⋯⋯⋯⋯2 根
红曲粉 ⋯⋯⋯⋯⋯适量
盐 ⋯⋯⋯⋯⋯⋯⋯少许

特殊工具

不同大小的圆形模具

Step 1

虾洗干净，去头、虾线，和猪肉一起剁碎，做成肉馅。

Step 2

向肉馅中加入 2 勺葱姜水、1勺宝宝酱油、少许盐，搅拌均匀。

Step 3

取 200 克面粉面粉倒入碗中，加 95 毫升清水，搅拌均匀，揉成光滑的面团。

Step 4

取一半左右的面团加入红曲粉，揉成红色面团。菠菜焯水打成汁，取 38 克菠菜汁加 80 克面粉揉成绿色面团。将所有面团包上保鲜膜醒发 20 分钟。

分别将三种颜色的面团擀薄，用模具压出圆形饺子皮。在饺子皮上撒点儿面粉或者用油纸隔开，以防粘连。

取1片饺子皮，舀1勺肉馅放入面皮中间。

将面皮对折捏紧，再将边一点一点反折过来，捏出花边。

将所有饺子包好。取剩余的三色面皮用模具压出不同大小的圆片，沾水贴在包好的饺子上。

用雪花模具压出雪花。用红色面皮做出圣诞帽的主体，再用白色面皮做出帽檐的白边和小球。用红色和白色面皮分别搓成细条，将两个细条扭在一起，弯成一个拐杖。将做好的装饰沾水贴在不同颜色的饺子上。做好的饺子上锅蒸10到15分钟即可。